木意已欣欣

徐红燕——著

[日] 毛利梅园——绘

上海科技教育出版社

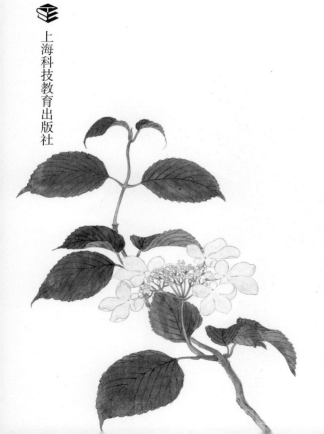

如果，成为一棵树

相对于一年生草本植物的弱小，树，尤其是高大乔木，总是人类视线无法忽视的醒目存在。如果你曾乘高铁经过中华大地，若倚窗而坐，那么，在平原旷野之上，一定会有一棵树，远远地自地平线上跃入你的双瞳。

或许，正因如此，古人自远方归来，家虽犹远，但村头的桑梓却已遥遥在望，于是桑梓就成了故乡的代名词。不过，桑梓成为故乡，亦属理所当然，在农耕时代，"五亩之宅，树之以桑，五十者可以衣帛也"，树与人类的生活息息相关，衣食住行，莫不仰赖于树木。所以，在中国，人们往往乐于成为一棵树：堂中的严父成了椿树，而衙门的公卿化为三槐，至于沦落风尘的弱女子则自喻是受人攀折的章台柳。

据说，旧时江南，若生女婴，便在庭院栽香樟树一棵。待到女儿出嫁，伐樟木制成二箱，置入丝绸，以两箱丝绸祈愿新人两相厮守，恩爱白头。然而，此等风雅旧习，早已成为陈年旧事。因为，住在水泥丛林里的现代人，突然就与树木失去了关联。不仅日落之处已无桑榆，许多都市家庭甚至没有一件木制用具，就连那些所谓的木制家具，往往也是木屑压制而成，已非树的本来面目。

是以，都市居民若想要仰望大树参天的模样，往往要么去路旁看一棵棵蒙着洗不尽灰尘的行道树，要么抽出时间举家前往公园。宅前五柳随风依依，庭中奇树绿叶华滋，此类古时常景，如今对多数人来说，都是奢求了。

也许只有一点不曾改变，就是现代人依旧爱以树自喻，依旧渴望成为一棵树，女性作家们的意愿似乎尤为强烈。舒婷要站成拥有红硕花朵的木棉。到了席慕蓉的诗里，树是生生世世执着的爱恋，"阳光下慎重地开满了花，朵朵都是我前世的盼望"。

有一旧友，生于农家，儿时家门前有一株硕大枫杨，年年春夏垂下串串人字形的青绿荚果，那虽是家中用以拴牛的树木，但幼龄时祖母指着枫杨讲故事的场景却深植于记忆之中。如果自记忆中搜寻印象最深的那一棵树，你的记忆里又种着什么树？如果，能成为一棵树，你愿意成为哪一棵树呢？我想，每个人心中应该都会有属于自己的答案。

德芭与彩虹书店
better world
better life

目　录

鸟声犹寂寂

木意已欣欣

绊惹春风别有情，
世间谁敢斗轻盈？
楚王江畔无端种，
饿损纤腰学不成。
〔唐〕唐彦谦《垂柳》

垂 柳
Salix babylonica
杨柳科 / 柳属

在中国人的词典里，在漫长的岁月中，柳，为"留"。那种离愁别恨的吟唱，源自先秦时代。后来，人们开辟了运河，堤岸遍植柳树，船头的离人将行，马上的送客正至，折一枝柳相赠，诉不尽离情绵绵。

"昔我往矣，杨柳依依"的下一句是"今我来思，雨雪霏霏"，于是，柳又多了一层含义：柳，即"流"，是岁月的无情流逝，是物已不是人亦早非的人事流转，是"昔年种柳，依依汉南。今看摇落，凄怆江潭。树犹如此，人何以堪"，更是身不由己的流落风尘，"章台柳，章台柳，昔日青青今在否"。然后，流落变成了沦落，就成了《敦煌曲子词》里流传今古的红颜自嗟"我是曲江临池柳，这人折了那人攀"。

欲留不得的柳、流落风尘的柳、光阴流转的柳，注定很悲伤。杨柳岸，晓风残月，看过多少离愁；秋水长天人过少，剩一树柳弯腰，见过多少兴亡。如果抛开在文学里烙下的这些哀愁符号，回归到植物本身，柳，原是生命力的代表，是美好的开始，是人们经历了数九严寒后，"亭前垂柳珍重待春风"，画完九九消寒图上最后的那一笔，迎来的第一份春色。

"江南腊尽，早梅花开后，分付新春与垂柳"，当柳条已青，在水岸边垂下万条绿丝绦，柳叶飞翠，柳花舞黄，春就已经来到。于是，江南的西湖岸边，游人如织，飞絮蒙蒙，垂柳阑干尽日风。北国的小苑曲池，娉婷婀娜，垂柳拂头，惹多少行人留步。

折下的那枝柳，如果游子未曾带走，插在堤岸，几番春雨过后，生根长大，隔几年就是高高大大一株柳。垂柳万条丝，既不织别离，也不编闲愁，只在召唤人们：正烟花三月，暖回春色，不如与柳同欢乐，寻逐春风捉柳花。

垂柳万条丝

细柱银芽柳

许多人家腊月备年货的时候，都爱买点年花。一眼望去有如塑料制品的银柳，彩穗茸茸，分外可人，久插不凋，而银字又别具招财的好彩头，往往成为春节插花的首选之物。

实际上，柳是真柳，色为假色，那些迎合喜庆需要的七彩银柳，并不是银柳本来的样子。那些被人工染成五颜六色的卵圆形毛茸茸花穗芽，若由它们自然生长，则初生时覆着一层紫红苞片，苞片脱落就露出宛如毛笔笔尖的银白色花芽，是以银柳又被称为银芽柳，是名副其实的银色之柳。未经染色的银柳，色泽莹白，清新淡雅，极宜书斋。只是如今染柳已成习惯，本色银柳反而一枝难求。

腊月过后，若瓶插的银柳不被无情抛弃，春季的某一日，饱满的银芽慢慢变长，抽出花蕊，开出花朵。随后，渐次抽出揭示柳属植物身份的青青披针形嫩叶，如果将银柳枝自瓶中抽出，会发现它藏于瓶内水中的那一端已然萌出根须。若将银柳枝插在潮润土地上，它将会沐春雨迎夏风长成一株两三米高的大灌木，绿叶婆娑，风致不减垂柳枝。

> 未经染色的银柳，色泽莹白，清新淡雅，极宜书斋。

其实，花穗芽为银白色的柳属植物有好几种。银柳这个中文官名归 *Salix argyracea* 所有，但细柱柳（*Salix gracilistyla*）也以银柳为别名。此外，由细柱柳和黄花柳杂交而成的 *Salix × leucopithecia* 名为棉花柳，别名叫银芽柳。自花店买回的那一把银柳，可能只有它自己才知道自己是其中哪一种。

在日本人眼中，细柱柳的花穗芽蓬蓬然宛似动物尾巴，所以其日文名为"猫柳"，别名是"狗尾柳"。世间的柳，往往都是雌雄异株，在动植物世界里，雄性常美于雌性，所以那些颇值一赏的猫柳尾巴，都是一个个迎风闪亮的男孩子呢。

细柳柳

Salix gracilistyla

杨柳科 / 柳属

山之间，白雪纷纷落，

却见猫柳萌新芽，春已悄来到。

[日]《万叶集》（节选）

柽花落细红

虽有柳字在名字中，但柽柳并非柳属植物，若错将柽读成怪也不算太错，因为不相识的人乍见之，可能真会当它是长相奇怪的怪柳一株。既然不是柳，当然叶形与柳完全不同，柽柳小叶细细如鳞片，更类似松柏。可是，柽柳枝条细软，婀娜低垂，又有如垂柳，所以得了个别名为"垂丝柳"。

柽柳之怪，在于一年三秀，能够多次开花。春天似乎对柽柳格外留恋，在它身上方去又回。从晚春四月至初秋九月，它花开

柽 柳

Tamarix chinensis

柽柳科 / 柽柳属

爱君双柽一树奇，千叶齐生万叶垂。
长头拂石带烟雨，独立空山人莫知。
攒青蓄翠阴满屋，紫穗红英曾断目。
洛阳墨客游云间，若到麻源第三谷。

〔唐〕李颀《魏仓曹东堂柽树》

不断，故又名"三春柳"。花开时，满树繁花琐细，淡红衣衫，纤纤柔柔，碧条悬着轻粉，当真是"碧叶庵蔼，赪柯翕葩"，令人惊艳。

原生中国的柽柳，种加词即为 *chinensis*。在春秋战国时代，柽字尚曾用作地名，后来就渐次成为柽柳专用字，古文献里的柽花柽树，所指基本皆为柽柳。柽柳生命力顽强，既耐高温干旱，也不惧严寒贫瘠，它在中国大地上随处都可生长。

柽柳插枝即生，一活就可达百年以上。在其他植物生存艰难的干旱地带，柽柳属诸种植物，不仅带给荒原绿色，还用嫩枝喂饱家畜，提供软条作为人类编织红柳筐的材料。告别贫瘠土壤的柽柳，则成为庭院里"缀芳璎，琐碎珠花长吐"的观音柳、"一把轻丝拂地垂，柔梢浅浅抹燕脂"的西河柳，美不胜收。

长寿的柽柳，常被欣赏它的园艺家精心培育为盆景，供于案几之上。老干颜色铁灰，苍劲宛如松柏，弱枝轻垂，嫩叶婆娑，而又花穗娇柔，枝叶花相映成趣，别具一格。当然，盆景虽妙，到底不是出于天然。如若有缘，能在北地边疆见到它在天地之间自由生长的样子，切记绕树三匝，细细观赏。

青松挺且直

传说，亭亭垂翠盖的松，曾为秦始皇遮过雨，于是被封为"五大夫"。松属植物八十余种，中国土生土长者二三十种，究竟，在传说里为权贵挡雨的是哪一株？不得而知。

一株青葱翠松，凌于高岩之上，人来不迎，人往不送，人若驻足停留，则不分贵贱，均可在松荫之下得享片刻清凉，躲过一阵骤雨。五大夫这种荣誉称号，对人类来说或许意味着恩宠，对植物来说也许反而是种品级评定式的羞辱。

不管怎么说，中国人对松这种植物极为喜爱。爱它，因其高大挺拔、凌空千丈、特立不倚，也因其四季常绿、经霜弥茂、雪中犹青。说起来，常青乔木多矣，况且并不是所有的松都不落叶，为何独松最受青睐？或者，究其底里，应是因为松多生于高山寂林之中，遗世独立，颇有贤士隐逸之风。所以就连贤士隐者的耳朵，也被美称为"松风耳"。

世传隐者仙人常服食松柏叶实，以期延年益寿。采食松针、松子、松花未必能够长生不老，但松树自己的确长寿，树龄数百年以上亦不为奇。如今，山中渐少隐者，倒是有不少仰赖山林生活的采山客。一片松林，采山的人类自其中收松花，摘松子，采松针，剥松脂，伐树取木，甚至自铺地的松针中捡拾菌类。松树得天独厚，而人类得一片松而所获甚多，说起来，得天独厚的幸运客终归还是人类。

如果你也曾去松林中捡拾过松乳菇，你一定也曾被树梢间轻轻奏响的松涛触动过。若一片松林长成，环山苍翠，鸟鸣时作，轻风悄过，松涛过处，声拂万壑清，顿感心中凡尘，悉被涤尽。古琴曲与词牌，都有名为"风入松"者。琴曲相传为嵇康所作，琴谱今日犹传，于网络找一曲细听之，确有"风入松涛，神魂流波，寒月弄弦之境"。

自小刺头深草里，而今渐觉出蓬蒿。

时人不识凌云木，直待凌云始道高。

〔唐〕杜荀鹤《小松》

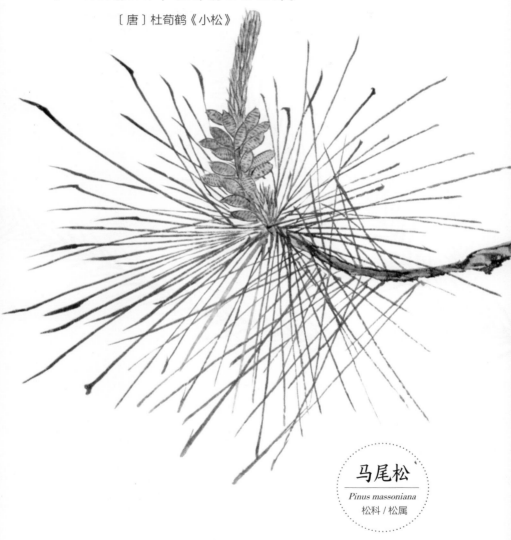

马尾松

Pinus massoniana

松科／松属

杉 木

Cunninghamia lanceolata

柏科 / 杉木属

古杉苍苍横斗文，其干十围阴蔽野。

应到夜深山月来，林色天光迷上下。

〔宋〕曾巩《七星杉》

长得最美的杉类植物，当数水杉（*Metasequoia glyptos-troboides*），春日嫩绿初生，披针形的小叶轻展，疏疏离离，赏心怡神。即便冬日叶落殆尽，孤茎端挺，高干腾空，直上十余丈，一株亭亭，也很养眼。水杉原本仅野生于川鄂湘诸省，现华东华南多有栽培，独木堪赏，成林亦佳，已经是寻常可见的观赏乔木。

相形于被誉为活化石的水杉，同科的杉木略显平凡，栽培既广，成材且快，但它不像水杉那般冬季落叶，而是四季常绿。庭植一株，在缺乏绿色的冬季，青杉袅袅，也能为庭院增色。若逢月夜，杉枝扶疏，树影透过月光，寂静清幽，极富禅意。"秋赏石潭洁，夜嘉杉月清"，是古诗里常常称道的杉月美景。

杉木观赏性略逊，实用性却极佳。元代诗人方回有诗曾咏及杉树："种杉二十年，儿女婚嫁足。杉杪以樊圃，杉皮以覆屋。猪圈及牛栅，无不用杉木。"杉木功用之广，可见一斑。古人认为杉木纹理细密而美，美称之为"杉锦"。

古时，杉木能建宅，可造船，能制作家具，更是上等棺木，连乾隆长子永璜之棺木也用杉木。反而《红楼梦》里贾珍为秦可卿挑选棺木，虽然首先相看的也是几副杉木板，只不过他恨不能代秦氏之死，连上等杉木也嫌弃。

> 春日嫩绿初生，披针形的小叶轻展，疏疏离离，赏心怡神。

松杉柏诸木，虽然花色清浅，但花粉富足，若劲风吹拂，则花粉如烟雾蒸腾，很是惊人。日本春季总有花粉病暴发，很多是柳杉花粉作祟。虽说杉花粉令花粉症患者吃尽苦头，但杉木杉叶均自带香气，在日本，杉一直是线香制作的原料之一。若有一支杉木线香在案，则古诗里"微风但觉杉香满，烈日方知竹气寒"的情境，于都市也可得享。

清熏老柏香

岁寒，而知松柏之后凋。松虽有落叶松，柏却基本全为常绿。作为裸子植物中数量最多的一科，柏科有二十余属一百五十余种，广布于远野深山和都市园林。

青松翠柏，松柏参天，松柏两木，如影随形，似乎总是在一起。但若仔细观察，会发现柏树比松要更平易近人，都市绿化带，常以修剪得高度仅一米左右的龙柏（*Juniperus chinensis* 'Kaizuka'）为绿篱。较之在山里才活得更具精气神的松树，柏木待在繁华的街道旁也毫不"违和"。

中国特产的侧柏，为柏科侧柏属单属独一种的植物，作为北京市树之一，与同科的刺柏、圆柏等一起，遍植于北京园林街道，为严冬漫长的古都添了无限绿意。裸子植物往往长寿，柏树亦不例外。在天坛公园，侧柏、国槐两种市树因缘际会，构成唇齿相依相伴而生的奇景，一株千年古柏怀中静静偎着一棵百岁老槐，因而被誉为"柏抱槐"。

长寿之木身上，常寄托着人类"驻年却病"的梦想。古人深信松柏之叶实均可延年，但柏实柏叶却难于入口，于是改用柏叶浸酒，"柏叶泛三光之酒"，春节饮之可辟邪，即使饮之无益，也求个心理安慰。

从前，柏树多植于庙宇中与陵墓旁，所以"锦官城外柏森森"。汉代时，御史府中亦列植柏树，故而后世常将御史府雅称为柏台或柏府，即元稹诗中所言"一自柏台为御史，二年辜负两京春"。御史台本来专司弹劾，负责监察官僚，或许遍植柏树，也是以有贞柏之称的柏树来提醒御史保持坚贞。

除却长寿，裸子植物往往体带异香，"野茗柏香俱不恶，老松高竹更相参"，如今春节早已没有饮柏叶酒的旧习，折一枝柏枝置于室内，赢得一屋清熏老柏香，只怕更为相宜。

翠柏童然杂花间，簿书余暇独来看。

不须更共春葩竞，留取青青待岁寒。

〔宋〕宋祁《柏树》

侧 柏

Platycladus orientalis

柏科 / 侧柏属

槐

Styphnolobium japonicum

豆科 / 槐属

槐叶初匀日气凉，葱葱鼠耳翠成双。

三公只得三株看，闲客清阴满北窗。

〔宋〕范成大《夏日田园杂兴·其八》

14

随处可见的寻常乔木槐树，在中国并不寻常。槐掖，是宫廷。"位等三槐，任均四岳"，三槐九棘，代指公卿。槐花开时，满树盈黄，正是科举时代学子们忙于应试的时节，"槐黄灯火困豪英，此去书窗得此生"，十年寒窗，皆指望"槐黄期候"一举夺魁。中状元，当翰林，学士们争先恐后要入住号称"槐厅"的学士院第三厅，因"居此阁者多至入相"，富贵荣华唾手可得。不仅有槐厅，还有先专指太学，后泛指学馆的"槐馆"。东风影响西风，就连槐的英文名之一也是 Chinese scholar tree。

应试落第的杜甫，一生官场不得意，且不要说"致君尧舜上，再使风俗淳"的宏愿注定成空，就连果腹都常成问题。比起雪中采黄精而不得的困窘，有一碗槐叶冷淘在桌，已是值得写首五言诗吟咏的生活小确幸。"青青高槐叶，采掇付中厨"，三槐之位只能仰望，高槐之叶却可以做成冷淘，"碧鲜俱照箸"，"经齿冷于雪"，给贫士饥肠以丰满的安慰。所以，被称为"国槐"的槐树，纵然关联着殿堂权贵，却终究还是属于百姓与民间。

槐叶冷淘，"盖取槐叶汁溲面作饼"，其实是取槐叶那点鲜碧色的绿意而已。这样的时令食品，苏轼也吃过，在他笔下换了个名字叫"槐芽饼"。"青浮卵碗槐芽饼，红点冰盘藿叶鱼"，能为后世留下名菜东坡肉的老饕苏轼，终归还是比老杜要吃得好一点。

国槐花开，常在七八月。人们常说的五月槐花香，指的恐怕是别称为洋槐的刺槐（*Robinia pseudoacacia*），在长江流域，四五月正是花期。无论国槐、刺槐，都拥有葱茏青翠的对生小叶和花序垂挂的美丽蝶形花，只不过国槐叶头尖、花色淡黄沁白，而刺槐叶头圆、花雪白无暇。繁花满树时，双槐均花香四溢，惹蜂翻飞，撩人情思。

槐夏午阴清

秋色老梧桐

一叶落而知天下秋，那片叶，属于叶大招风逢秋早凋的梧桐。古龙小说里有个人物，名为秋风梧，可能是取了梧叶知秋、凤栖于梧之意。无独有偶，在金庸小说里，翠羽黄衫英姿飒爽的霍青桐，芳名中的青桐二字，也是梧桐的别名。

以青桐为别名，乃因树皮青碧，尤为与众不同。梧桐青干修直，长株指天，春日阔卵浅裂形大叶生出，高冠染绿，枝茎干叶尽展浓翠，一树碧梧，小小桐荫，却能在酷暑渐至时，予人以满目清凉。

梧桐之名，《诗经》时代已有，但古人用字极简，一般一字一义。"梧桐生矣，于彼朝阳"中之梧桐，所指只怕并非一树，而是分指两木。后世因桐字出现于许多树木名字中，如泡桐、油桐等，多认为梧才是确指梧桐。

可能，自从白居易写下"春风桃李花开夜，秋雨梧桐叶落时"，梧桐夜雨就在中国文学里淅淅沥沥地落个不止。"梧桐树，三更

亭亭南轩外，
贞干修且直。
广叶结青阴，
繁花连素色。
天资韶雅性，
不愧知音识。

〔唐〕戴叔伦《梧桐》

16

雨"，写着离愁，蕴着相思，点滴不休，直到天明。或许，白居易对梧桐的凄凉意象念念不忘，唐明皇庭院里的梧桐雨还没有歇，他又为薛台写下"半死梧桐老病身，重泉一念一伤神"的悼亡诗，让世间所有与爱侣死别的人类，自唐以后，都站成了一株哀伤的半死梧桐。

　　哀愁都是诗人写出来的，在实用家蔡邕眼中，桐木是上好的制琴材料，即使是灶膛内烧焦的桐木，也值得抢出来制成焦尾琴，泠泠弹响。在政治家周成王心里，君无戏言，"桐叶封弟"不再只是儿戏，而成为言出必践的事实。

　　幼时，小学围墙外有一株梧桐，秋季开学后，树上如鸽子张翼的蓇葖果总是撩得好动的男同学攀墙爬树，采下一捧一捧的梧桐籽。据他们说，炒熟的梧桐籽极香美。也许，写出"童子打桐子，桐子落，童子乐"的人，也曾旁观过这般场景。

梧 桐
Firmiana simplex
锦葵科 / 梧桐属

门前白桐花

故乡小县城的一个并不繁华的十字路口，曾经立着一株高大乔木，四五月间，挂出满树淡紫繁花，绚丽烂漫，美不胜收。花在高树之巅，虽群开冶艳，但莫知其形。要等到落花满地，拾起相看，才能认清单花模样：钟形花冠裂成纤美五片，粉紫花筒上生着深紫纹理，布着紫色斑点和黄色晕块，既纤巧又秀丽。美木一如美人，令人一见之后，总想得知其名。一路问到附近楼栋里的老人家，才知道原来是泡桐树。

虽说暮春才开花，但在上一年的深秋十月，泡桐已孕育出棕褐色花蕾。这个不慌不忙的慢性子，要花上近半年的时间，待到梅叶阴阴桃李尽，春花尽数凋落，才肯让浓香馥郁的淡紫花朵挂满枝头，为自己寄身的方寸之地注入无限春光。

江南一带曾有民俗，生女后植下香樟树，出嫁之时以樟木制成两个木箱，装入丝绸，借谐音求女儿婚姻顺遂，一生两厢厮守。日本也有类似风俗，只不过选的是泡桐木，女儿成婚之际，带走的是泡桐箪笥。

日本人用泡桐制箪笥，中国人则以桐木造古琴，但所用桐木是梧桐还是泡桐，正如凤凰究竟落在哪棵桐树上的议题一样，历来争议不休。既有称"白桐宜琴瑟"者，也有认为梧桐木胜于泡桐者。或者，一如古人所言"凡用琴瑟之材，虽皆用桐，必须择其可堪者"，琴之好坏，关键还在技艺与材料的完美结合。

因一个桐字，梧桐与泡桐属植物常在文献里混为一谈，古人总是草草区分，仅以梧桐为青桐，以泡桐为白桐。实际上，它们却是果实花朵皆长得完全不同异科异属的两类植物。没有花瓣的梧桐花，毫不起眼，但泡桐花开，却艳丽无匹。古人笔下，但凡以赞叹口吻提到春之桐花，只怕多半指的是泡桐之花。

溪流清浅路横斜，日暮牛羊自识家。

梅叶阴阴桃李尽，春光已到白桐花。

〔宋〕方士繇《崇安分水道中》

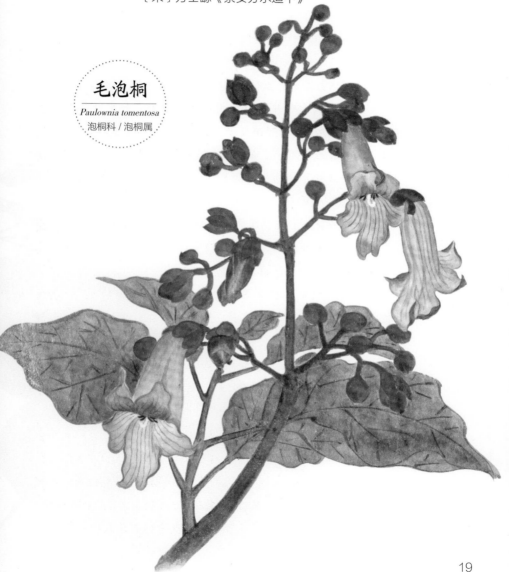

毛泡桐

Paulownia tomentosa

泡桐科 / 泡桐属

赪桐好颜色

人们对植物的熟识度，似乎与它们的绿化带占有率直接挂钩。若一种植物鲜少现身于绿化带，则人们往往不知其名，甚至可能不知其存在。赪桐或属此类，虽它团花艳如火，心叶碧若翠，花期漫长，但这种原生于亚洲热带、性喜高温高湿的植物，在华南以外区域的城市街道相对少见，认识它的人，实不算多。

赪桐作为灌木，虽株高仅一两米，却是上佳的观赏花木。对生的深绿阔大叶片，自然长成美丽心形，枝柔叶厚，碧痕宛然，浓翠欲滴。青叶映衬下，花茎、花梗、花朵均赤红一片，繁花蒸腾，丹若霞彩。虽通株皆是暖绿重红，但自然界的红绿配，毫不庸俗，反而因色彩饱和度高而显得张力十足。

岭南另有一常作绿篱的茜草科植物龙船花，同样花期漫长，花开宛如火焰。所以它俩有一个共同别名叫"百日红"。容易引起混淆的倒不是百日红这个多物共用的大众化名称，而是台湾地区竟将赪桐也称为龙船花。

乾隆时期官员朱景英在《海东札记》记载道："赪桐花……台地五月盛开，午日杂插瓶盘中，故俗

呼龙船花。"同时代的朱仕玠也在《小琉球漫志》中记述：
"龙船花，又名赪桐……五月竞渡时盛开，故名。"看来，
重名实因盛花期皆在端午时节，实际上它们花形叶状全不相
同，唇形科的赪桐，花色更显猩红欲滴，花形更为摇曳娇娆，
只怕要胜龙船花几分。

自古以来，赪桐在华南就处处有之，是常见于
诗文的花木，"守着赪桐不为香，翩如凤子往
来忙"。如今，赪桐在其他地域也非全然无
迹可寻，许多城市的植物园都有栽培，地
气稍暖的省份，甚至时现于绿道。若
你所在的城市，也有赪桐夭簇绛缯，
舌吐丹须，请一定记得，尽量努
力在场，去见证它那美好容颜。

似子圆红不似花，

绿丛擎出野人家。

亦知吟骨今当换，

火候初成独体砂。

〔宋〕方岳《赪桐花·其二》

赪 桐
Clerodendrum japonicum
唇形科 / 大青属

海桐

Pittosporum tobira

海桐科 / 海桐属

童童翠盖拥天香，穷巷无人亦自芳。

能致诗豪四公子，不教辜负好风光。

〔宋〕张孝祥《钦夫折赠海桐赋诗定叟晦夫皆和某敬报况》

七里香，是一个被中国人使用到泛滥的大众化植物名字。它是以下一长串植物的别名：海桐、崖花子、木香、九里香、缬草、冬青卫矛……

某年二月末，曾在家乡小镇的一条街道上闲步，不知不觉在一幢独栋住宅前停下了脚步。大门右侧的窗前，是一株高不足一米五、冠围却逾两米的海桐，重绿叠翠，团团如盖，冠形几近浑圆，不知是自然生成，还是主人勤加修剪的成果。若当花期，一树白花缀枝，香飘数里，只怕更能引得行人驻足相赏。

身为常绿灌木，海桐以美叶博得人类关注。它革质的倒卵形厚叶，尖端圆润，通体油亮光泽，一树青青，郁茂葱茏，婆娑可观。栽一株于屋门前，一年均有一树绿意在侧，为屋宅添了四季春色。春夏时分，海桐花开，细小五瓣，初开洁白，近凋转黄，芬芳浓郁。

只是，香气好闻与否，评判因人而异。正如桂花栀子之香也有人嫌弃，海桐花香也曾被古人嫌弃"嗅味甚恶"，所以它的别名，既有"七里香"这种动听佳名，也有充满厌恶感的"臭榕仔"。其英文名Japanese cheesewood 中的 cheese（芝士）一词，或者也暴露了西方人对其香气同样持两极态度。

入秋后，海桐圆球带棱的蒴果裂开，露出红色种子，绿叶泛碧光，红实似珊瑚，远看宛如开了一树红艳秋花，是色彩浓烈的秋日园木。

日本人将海桐取名为"扉"，是因该国民俗，惯于在二月立春前一天的节分日，将海桐枝插于门扉上以驱邪，故而称之为"门扉之木"，渐次就演变成"扉"。不过，与其插枝于扉上，未若植木于宅前，每逢春夏，"山鹊喜晴当户语，海桐带露入帘香"，何其美哉！

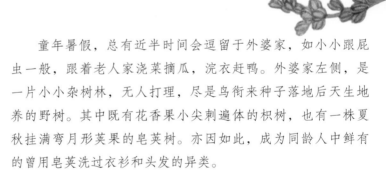

畿县尘埃不可论，故山乔木尚能存。

不缘去垢须青荚，自爱苍鳞百岁根。

〔宋〕张耒《东斋杂咏·皂荚》

外婆常在树下洗衣，
用的就是皂角煎出的汁液，
一种早被当代人淘汰的纯
天然古老洗衣水。

皂角芽已长

童年暑假，总有近半时间会逗留于外婆家，如小小跟屁虫一般，跟着老人家浇菜摘瓜，浣衣赶鸭。外婆家左侧，是一片小小杂树林，无人打理，尽是鸟衔来种子落地后天生地养的野树。其中既有花香果小尖刺遍体的枳树，也有一株夏秋挂满弯月形荚果的皂荚树。亦因如此，成为同龄人中鲜有的曾用皂荚洗过衣衫和头发的异类。

那株在地面盘根错节覆地三尺，树身生有空心褐刺的古老皂荚树，外婆常在树下洗衣，用的就是皂角煎出的汁液，一种早被当代人淘汰的纯天然古老洗衣水。已经无从知道，老人家依旧坚持用皂角洗衣，是出于节俭，还是因为钟爱或是习惯。只是，这一种做法，竟与今日在小众中渐趋流行的绿色环保洗涤观念不谋而合。

皂荚

Gleditsia sinensis

豆科 / 皂荚属

　　皂荚高大，长寿，但外形在众乔木中只能算平实普通。花开时分，垂坠的总状花序，花色黄白而近浅绿，单花四瓣而细小，毫不起眼。果荚近熟时，倒是带着一抹红褐，但古诗句里说"合欢皂荚双垂红"，却又过于夸饰。也许，除却涤衣不损衣物光泽的实用功能，皂荚植株最令人印象深刻的当数它那粗壮而能分枝的树刺，遍生树干，令不喜密集丛生之物者观之头皮发麻。

　　无论是能洗衣除垢的皂角，还是古人说"以为蔬茹更益人"的皂荚树初生嫩芽，今日之人均已不复运用与取食。倒是近几年，皂角米被商家宣传推广，引来一些人勇敢尝试。关于皂角子中的白肉两片，古之医书也有言及，如"核中白肉，入治肺药"等。至于有没有养生功效，大家见仁见智吧。

25

抱朴而长吟

朴树之"朴"并不念pǔ，而念"pò"。它是落叶乔木，安安静静地站立在中国的大部分土地之上，春发一树新绿，冬余满株光枝。

作为落叶树，早春，这株秃了一冬的枯木，新芽萌发，渐次点上浅绿鹅黄的淡淡水彩，地下的树影也渐趋繁复，虽然低调，却也显露出一树春色。新叶始萌，春花已发，淡黄细花静悄悄地单朵或两三相伴聚生于叶腋间，花虽小却繁密，每每招来蜜蜂嗡嗡不已。也只有蜜蜂的采蜜声，才能招惹得行人经过时好奇地停足一视。只是，鲜有人知其树名。

然而，纵使不认识它或不能正确念出它的名字，却仍有许多人在不知不觉中曾沾过朴树的光。前人栽下一株朴树，子孙能得数世清凉。朴树长成之后，高干粗壮，大冠舒展，小叶繁密，能够洒下浓浓绿荫。多少酷暑炎夏，农家闲来无事，都曾在朴荫之下笑说丰年，把酒话桑麻。而又有多少餐风饮露的蜩蝉，"秋蜩不食，抱朴而长吟兮"。

> 朴树长成之后，高干粗壮，大冠舒展，小叶繁密，能够洒下浓浓绿荫。

最爱种植朴树的或数江户时代的日本，作为道路两侧类似于里程碑的"一里冢"的标识树，每隔约四公里就会植有一株高大枝繁荫浓的朴树，可供行人停下歇息。而在中国，据说有些地区，庭院植树时有前榉后朴的讲究。如果此俗是真，看来朴树之朴，国人念错应属多数，因为榉朴同列，明显是古代希冀中举后仆从如云的功利梦想，朴显然被当成与仆同音。

朴树木质坚硬，并非家具良材，但根皮叶均被中医拿去入药。倒是广东潮汕地区人民别出心裁，有采朴树嫩叶制作清明时令食品朴子粿的习俗，那一款带着朴叶清香与翠色的特色食品，滋味想必不错。

朴 树

Celtis sinensis

大麻科 / 朴属

山前古木不知年，婆娑黛色上参天。
霜柯反足斗龙虎，偃盖倒影鸣蜩蝉。
绿叶参差有生意，中间孔穴萃虫蚁。
上枝杳杳横苍云，下根落落穿厚地。

〔明〕张羽《古朴树歌》（节选）

年年梓树花

当前常被影视业使用的"杀青"一词，虽也用于指制茶工序，却原是古代出版业术语。"杀青简以写经书"，制竹简、校刻付印或造纸，均以杀青名之，其后才泛称缮成定本或校刻付印为"杀青"。虽说杀青这个术语为其他行业所抢，但"付梓"仍归出版界专用。杀青甫就，付梓刊印，下一步便是发行面世了。

付梓之所以成为书籍刊印的代称，是因古时雕版刻书，以梓木为上上之选。梓木在古代备极尊荣，"梓，为木王。木莫良于梓"，不仅制古琴，以桐为面，以梓为底，号称"桐天梓地"，且帝后棺椁也以梓木为材，专称为"梓宫"。就连擅长制器之工，也被称为"梓人"。

原生中国的古老树木梓，自《诗经》里"维桑与梓，必恭敬止"始，就与桑常联袂同行。"桑梓""梓里"在汉语中已是指代故乡的固定词语。古之士人游宦天涯，无不梦想着有一天能"锦衣荣梓里"。

梓

Catalpa ovata

紫葳科 / 梓属

28

桑梓虽常并列，但江南多桑少梓，北国则反之。暮春初夏的四五月之际，在中原城市行道树下常能拾得梓树花朵，淡黄花冠，筒形浅裂，花筒内精巧地布着黄色条带暗紫斑点。

植于道旁的梓树高大荫浓，若要观赏掩映于阔卵形碧叶间的浅黄花朵，须得仰视，还得视力极佳才能看清。但是看梓的蒴果就不怎么耗费目力，夏秋之际，隔着一条马路，就能远远看到满树荚果醒目悬挂，宛如炎夏丰收的豇豆架，豆角累累，故而日本人很不客气地称之为"木大角豆"。

梓的线形蒴果，细长垂吊，近看的确很像豇豆。远望去，则未熟时是一簇簇青色菠菜挂面，由生转熟后就渐次变成了一把把深褐色荞麦面条。可惜，无论像豆角还是如面条，都只宜观赏，而不宜下锅煮食。

梓树花开破屋东，

邻墙花信几番风。

闭门睡过兼旬雨，

春事依依是梦中。

〔元〕倪瓒《三月廿日题所寓屋壁》

29

我墙东北隅，张王维老榖。树先樗栎大，叶等桑柘沃。
流膏马乳涨，堕子杨梅熟。胡为寻丈地，养此不材木。

〔宋〕苏轼《宥老楮》（节选）

构树
Broussonetia papyrifera
桑科 / 构属

对于在长江流域乡下长大的人来说，栽培构树是件匪夷所思的事。因为这种树木根本不需要人工去种，原野之上到处都是，冬日被农人砍枝斫条充作柴木，几乎消灭干净，但一到春天，它们又自行冒出一批。一到假期，陌上都是被家长差遣拿着麻袋采构叶当猪食的小学生，满手都凝着黏糊糊的构汁。

见得多了，乡下孩童都知道构树并不都长一个样。首先是叶片，有的卵圆形，有的却有或深或浅或多或少的裂。其次是花朵，一种如同长长青虫，一种类似茸茸毛球。孩子们自然懒得去管植物学上的叶片形状易受环境影响而变化、花朵不同是因雌雄异株等高深问题，反正采摘经验老到，足以不受叶片花形蒙骗。

"桑、槐、楮、榆、柳，此为五木耳"，常见的古代五木之中，也包括构树在内，楮是构树的古称。当然，古文献里的楮并非都是构树，有时亦指它的近亲：现代"楮"树。在植物学里，"楮"已是构属植物 *Broussonetia kazinoki* 的中文名。楮与构树因属近亲，长得非常相似，常被人称为小构树。

在《诗经》里，构被称为"榖"，"乐彼之园，爰有树檀，其下维榖"。榖与谷同音，而构树果实的确能够食用，夏日青实转为橙红浆果，吃起来有股别样的清甜。如今，吃构实的人并不多，"黄鸟黄鸟，无集于榖"的情形依旧，野间构实皆为鸟雀的果腹之物。鸟雀则将构树种子撒遍原野作为回报，是以，才会"田园芜久，则榖自生"。

对于人类来说，构树更好吃的部分可能是雄花。至今，陕豫诸省农村仍有将雄花裹上面粉蒸食的旧俗，这是一种很有特色的"吃春天"。不过，构树对人类最大的贡献可能是造纸，"皮可绩为纻，古多取为佳纸"，它的英文名 paper mulberry 和拉丁学名中的种加词 *papyrifera*，均暴露出它是造纸良材。

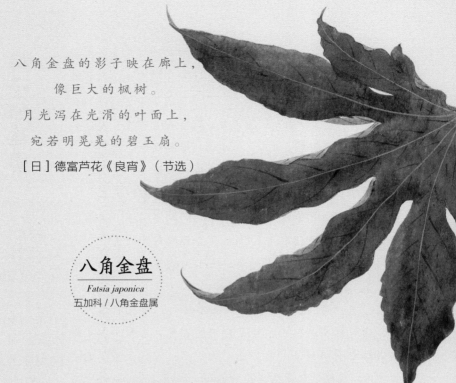

八角金盘的影子映在廊上，
　　像巨大的枫树。
月光泻在光滑的叶面上，
　　宛若明晃晃的碧玉扇。
[日] 德富芦花《良宵》（节选）

八角金盘
Fatsia japonica
五加科 / 八角金盘属

青青八手木

　　华东华中的小区内，八角金盘是很常见的绿化植物。深秋十一月至初冬十二月之际，正值花期，它伞形花序团团成球，由中心一点射出若干放射线，每条线头均挑着一朵饱满如球的花蕾，因为实在太过精巧别致，总惹得低年级的小朋友伸手采摘，小区步道上时见被把玩后的八角金盘球花残骸。

　　而等到来年三四月果实成熟，球状的伞形花序上，一条条放射线射出的已经不是花蕾，而是或青或紫的球果，更是难逃儿童贪玩之手。这种花果颇受儿童青睐的常青植物，庭园种植实为观叶。因它阔叶硕大而又光泽油润，中有数量不等的深裂宛如手掌，一树葱茏，浓绿碧翠，植于半阴湿润的墙角楼畔，能予行人满目生意。说它在长江流域随处可见，绝非夸张。

　　虽说常见，但八角金盘并非中国原生物种，它是自东邻日本渡海而来的树木。八角金盘属物种不多，仅有两三种，在中国台湾地区，还有该属另一物种多室八角金盘（*Fatsia polycarpa*）。

　　八角金盘的日文名为"八手"，其实八手也好，八角也罢，一如许多植物名里的数字都只是概数泛指，八角金盘的叶裂实际上由七至十一不等，并非固定的八裂。园林商人擅长推广，立时从八和金两个字上大做文章，将它宣传为八方招财、四季进宝之物，所以许多商家喜购它做办公场所的室内观叶盆栽。

　　除了八手这个名字外，在日本它还有一个别名为"天狗の羽团扇"。天狗是日本传说里的妖怪，或许，八角金盘的硕大树叶，在日本人看来，不是有招财之效，而是有着天狗羽扇般驱除魔物的力量。

去垢无患子

从前，人类作为自然界中一员，深谙与自然万物相生共存之道。尽量取诸自然还诸自然，不会向自然投放生物无力降解的生活垃圾，更鲜少制造污染大地的各式化学物料。

现今，也有不少环保人士钟情于无患子之"天然无公害"，购买无患子果实，不厌其烦地提炼皂素，以之洗发浣衣，甚至清洗碗盘。渐成习惯之后，反而爱上了无患子皂液的不伤肌肤及天然果香，从此视洗衣液、洗发水为陌路。

古老的无患子树，在长江流域以南随处可见，至今仍是江南常见的行道树。这种高大的落叶乔木，在喧嚣都市的街道旁，兀自春叶夏花秋实冬枯，无人细赏它的纸质薄叶，更不会有人留意它满树黄白色的圆锥花序，虽然秋来时它一树金黄，色泽不逊银杏，终因叶形平凡而乏人关注。

在没有化工洗涤剂的古代，无患子是比皂荚还要重要的清洁用品，"十月采实，煮熟去核，捣和麦面或豆面作澡药去垢，同于肥皂，用洗真珠甚妙"。或许，因为其具有清洁效能，人们进一步联想到驱邪净化之用。古人又称之为"鬼见愁"，认为"其木用为棒、为符、为器，可厌百鬼"，无患之名，也因拥有此木则无患鬼魅作祟而得来。

驱鬼和消除烦恼之说，到底只是唯心之论，身为现代人，我们也许可以尝试一下这种天然洗手果的除垢功能，也算是为自然尽一份绵薄之力。

木槵稀难识，沙门种则生。

叶殊经写字，子为佛称名。

滤水浇新长，燃灯暖更荣。

亭亭无别意，只是劝修行。

〔唐〕包何《同李郎中净律院槵子树》

无患子

Sapindus saponaria

无患子科 / 无患子属

金银忍冬

Lonicera maackii

忍冬科 / 忍冬属

晚春初夏的四五月间，长江流域原野之上到处都是绿藤蔓生香气醉人的金银花，也就是忍冬。江南人若到了首都，见到高约两三米的树木之上，开着一蒂双花，金银二色相杂，与自幼看惯见熟的金银花宛然相似，不由一片茫然：难道南橘北枳，江南柔软的藤本金银花到了北方竟然长成了高树？

其实，北方常见的忍冬为金银忍冬，俗名为金银木。金银花是它同科同属的近亲。

论花之娇美芬芳，自然还是金银花更胜，但金银木的好处在于以一木而擅四时之美。春夏有绿意，有花香，有轻荫，秋则有黄叶流金，更有赤如珊瑚珠的果实。它将北国的清秋冷冬灿烂点亮，无怪乎它会成为北地庭院的绿化常选之木。

如同金银花一样，金银木的花朵初开皆是乳白色，开到将败就色泽转黄，并非初开就一蒂双花，一朵白一朵黄。之所以金银杂色，也只是因为花虽同蒂同枝但花期分先后而已。

忍冬之名，原是因为它为半常绿植物，在地气偏暖的江南地带，凌冬而叶仍不凋。但北国寒冷，学名为金银忍冬的金银木，也难忍冰寒欺凌，叶子完全落尽。叶虽落而枝不寂寞，因为还有满树两两对生的赤红色珠果在枝头，流丹溢朱，绚烂程度远超于初夏花季。若以果实较高下，金银花那深黑无华的球果一定会在金银木的红果前甘拜下风。

于鸟雀而言，金银木果实是秋冬的一道美食。春夏时节绿树白花、招蜂引蝶的金银木，在秋冬会引来一树鸟雀叽叽喳喳。这株树，一年四季，殊不寂寞。

春夏有绿意，
有花香，有轻荫，
秋则有黄叶流金，
更有赤如珊瑚珠的果实。

缀丹金银木

春浅结香开

执一根结香枝条，随手一挽，就能轻松打一个绳结。正因枝条柔软，而又花香馥烈，它才得名结香。说起来，结香花开实在百花之先，与常作为春节年花的同科植物瑞香花期相近，但同为香花，瑞香花色更为明丽，专美于前，花色清浅的结香便只能徒然叹息"既生瑜何生亮"，估计在一堆别名之中，最令结香委屈的，当数"黄瑞香"。

在长江以南区域，新年过后的小寒时节，结香宛如半圆绒球的灰黄色头状花序就已垂挂于树梢枝头，四裂花萼的筒状小花便于花序上接二连三地依次绽开，数枝枯灰枝条曼舞，几十鹅黄花球飘香。

结香也有园艺品种，赤花结香就是其一，它的花色更为浓艳，为橙红色。相比之下，结香的花色要清雅素淡得多。只是，无论花色是浅黄还是橙赤，等到三月末，众花齐放竞相争春，芳华早逝的结香就已悄然退场，花球尽凋，厚叶萌枝，渐渐成为墙角一株乏人问津无人相识的寻常小灌木。

结香枝条虽柔软，树皮纤维却很强韧。在日本，它是制作和纸的原材料，故在英语国家，它被称为 oriental paper bush。因结香制成的纸张不易起皱、难被虫蠹，日本人也惯于用结香制造的纸制作纸币、文凭和地图等。只是，结香这个中文名字尚有几分雅韵，其日文名却是通俗浅显的汉字"三叉"。见惯结香又富于观察力的明眼人，估计一看到日文名，就知道此名乃因结香常常三叉分枝。

结香植株小巧，常被商家作为盆栽出售。只是，一些商家因结香枝柔就任性将它拗来拗去，此类行为，大概一如龚自珍所诟病的病梅，只怕未能增结香之姿，反而有损其自然之韵。

结香

Edgeworthia chrysantha

瑞香科 / 结香属

结香，干叶如瑞香，而枝甚柔韧，
可绾结，花色鹅黄，比瑞香稍长，
开与瑞香同时，花落始生叶。

〔清〕王象晋《群芳谱》（节选）

女贞春长在

　　初中母校的教学楼前，植着一排女贞树，树冠团团如盖，一年四季，青叶繁密，苍翠满枝，浓荫遮径。早前，女贞实是华中地区都市乡镇常植的绿化树，但近些年它的绿化道占有率似已逐年下降，除却园林花木品种日益丰富，可选择度增加这些外界因素，也因女贞虽四季常青、革质叶片光泽喜人，但其花果却并非人见人爱。

　　初夏五月，女贞渐次进入盛花期，朵朵小花联袂点缀于花序之上，一茎茎雪白圆锥花序杂在一树碧叶中，要自三楼阳台的高处才能看得清。只是，初花时的淡香怡人，渐变成繁花后的浓香恼人。说女贞吓煞人香，熏得人脑壳疼，绝对不是夸张。五六月间，华中已然暑气逼人，但若室外近处就有女贞成林，则许多人因花香太盛，往往不敢开窗通风。

女 贞

Ligustrum lucidum

木樨科 / 女贞属

山矾风味木樨魂。

高树绿堆云。

水光殿侧，月华楼畔，

晴雪纷纷。

何如且向南湖住，

深映竹边门。

月儿照著，风儿吹动，

香了黄昏。

〔宋〕张镃《眼儿媚·女贞木》

　　女贞花开过后，满树白花换成了青实累累，秋冬果熟，挂一树密密麻麻的紫黑肾形小果，经冬不落，引得鸟儿成群聚集，徘徊枝头不去。当果实凋零，堆落满地，过路行人踩踏其上，常有失足滑倒之虞。女贞果更是清洁工人的大烦恼，核果匝地，浆液迸出，染得一地紫黑，既难看又难清扫。

　　女贞这个名字，有人觉得很是别致，但现代女性看着古人写的"木凌冬青翠，有贞守之操"的得名由来，多少有点心理上的小小不愉快，因这名字看来看去都浸润着男权社会的道德标准味儿。

　　有人将女贞别称为冬青，则是大错特错，负霜葱翠冬日犹青的树木岂止女贞一种？女贞与冬青科关系远矣，实在不宜混为一谈，就连古人虽也曾将两者混淆，最终也总结出"叶圆而子赤者为冬青，叶长而子黑者为女贞"的简易辨认大法，植物脸盲症患者可以引为参考。

红垂锦带花

花色会不断变化的植物很多，比如有醉酒芙蓉之称的木芙蓉，又如初开白后转淡红的使君子。海仙花亦属此类，初开时花色洁白，随后转粉、变红，甚至带紫，一枝之上诸花异色。

其实，古人并未如现代人一般细分物种，在古时，海仙花只是锦带花的别名之一。锦带花因为长蔓柔纤如带、着花灿烂似锦而得名。植一处锦带绿篱，则可赏花灿锦绣。锦带之名原本富于画面感，但在宋代文人王禹偁眼中，"锦带为名卑且俗"，配不上这美丽植物。

细究起来，海仙花的命名者，可能就是这位曾被贬官于黄州的王禹偁先生。他曾连写三首《海仙花》诗，诗前序云："近之好事者作花谱，以海棠为花中之神仙。予谓此花不在海棠下，宜以仙为号，目为锦带，俚孰甚焉，又取始得之地，命曰海仙，且赋诗三章以存其名。"将锦带花与海棠花同列，确属真爱。或因锦带花深受文人官僚推崇，后世它还得了个别名"文官花"。

在现代植物学里，锦带花是 *Weigela florida* 的专用中文名，

海仙花则归 *Weigela coraeensis* 所有，这两种同属植物长得九分相似，想来除非栽花之人在植物前立上铭牌看板，否则一般人实难区分谁是锦带、谁为海仙。

无论锦带海仙，作为忍冬科植物，它们都有着与金银花相似的娇俏漏斗状钟形花，只是五出裂片整齐乖巧，远不及金银花逸采飞扬。花期达一季之久的锦带花属诸花，绿条冉冉，丹英繁艳，既袅娜又娇柔，确实是极佳的园林灌木。古人或谓"锦带花采花作羹，柔脆可食"，这一说法，只怕是读了老杜诗句"滑忆雕胡饭，香闻锦带羹"后的曲解。万物入口皆宜慎重，吃锦带花这种风雅事，还是不干为妙。

何年移植在僧家，一簇柔条缀彩霞。

锦带为名卑且俗，为君呼作海仙花。

〔宋〕王禹偁《海仙花诗》

海仙花
Weigela coraeensis
忍冬科 / 锦带花属

荚蒾枝缀雪

每年早春，长江沿岸诸省各市，夹道的行道树上，常挂出一个个浅碧轻绿的浑圆花球。自春三月中旬至四月，依长江流域各地气候差异，这些淡青色花球渐次褪掉绿色，换上雪衫，树冠之上，万花碎剪玉团团，堆云砌雪，很是壮观。

这种雪球缀枝的花木，常被人错认为是绣球花科绣球属的绣球，即使是园艺商家，为图便利，也称之为木绣球。其实，它们多数都是五福花科荚蒾属植物，或为粉团（*Viburnum plicatum*），或为绣球荚蒾（*Viburnum macrocephalum*）。无论荚蒾为何种品种，盛花时多为白色，与色彩丰富或粉或紫或白的绣球，异科异属，完全是两回事。

荚蒾属植物，中国有七十余种，其中不乏古时已盛名扬于天下的品种，如被视为仙树的琼花（*Viburnum macrocephalum* 'Keteleeri'），以及常见诸诗词的粉团、蝴蝶树和玉蝴蝶花。只是单凭文字记载，很难弄明白古人所颂咏的是哪一种荚蒾。

如同绣球花分为"聚花均匀的球形"和"外围大花的地中海式"一样，虽然荚蒾属也有整朵花序均为细碎小花的品种如荚蒾（*Viburnum dilatatum*），但大部分花形近似绣球。例如，绣球荚蒾团花圆圆，它的变种琼花则"中含散水芳，外团蝴蝶戏"。同样，又名雪球荚蒾的粉团，"雪朵中间蓓蕾齐"，朵朵成团，其变种蝴蝶戏珠花（*Viburnum plicatum* var. *plicatum* 'Tomentosum'）则一如其名，四围白花盈然宛如白蝶翻飞，中间小花点点，细若未开。

事实上，花形有异，乃因球形花全由大型不孕花组成，而非球形花则四周是不孕花，中间则为两性花。又因琼花类花朵的外围不孕花，一般多为八朵，所以琼花古有别称"聚八仙"。若追根刨底，也许连绣球的八仙花之别名，还是自琼花这里借过去的。

44

万花碎剪玉团团，晴雪飞香夜不寒。
恰似玉人相对立，酒樽移月近前看。

〔元〕钱惟善《粉团花下夜饮》

粉 团

Viburnum plicatum

五福花科 / 荚蒾属

45

银杏鸭脚黄

　　树分公母的银杏，就算于前庭植了雄雌两棵，种树人有生之年也未必能够吃到"小苦微甘韵最高"的银杏种仁。这种生长缓慢又极为高寿的古老植物，虽然野生者已极稀有，却被人类广为栽培，只是一如其别名"公孙树"，往往祖辈植下幼苗，孙辈才能采收白果。

　　动辄可活千年以上的银杏，在开花结果这件事情上自然不需要着急。若随性生长，一株银杏，从栽下到果实挂枝，也得二三十年。最初挂果，收获极少，"始摘才三四"，仅零星数枚而已。银杏真正的盛果期尚需耐心等待，等树龄四十年以上，方能"岁久子渐多，累累枝上稠"，每年秋十月，满树均是半黄带橙的银杏低垂。

　　正如歌德诗中咏唱的"生着这种叶子的树木，从东方移进我的园庭"，银杏是古老的中国树种，古人处处栽种它，以赏其叶，以食其果。

　　如今，大江南北，无论是古都北京，还是中州腹地，抑或是烟雨江南，银杏都是大都会寻常可见的行道树。每年春日，银杏萌发新芽，鸭脚踏枝一树鹅黄，夏日则修耸插天、翠扇铺梢。待到秋风凉吹，道路两侧、园林地面，铺满镂着精致刻缺边的银杏金扇。既得银杏黄，哪慕枫叶红？这片金黄，有着不输于红叶的秋色。北国雪落

银杏

Ginkgo biloba

银杏科 / 银杏属

深灰浅火略相遭，小苦微甘韵最高。

未必鸡头如鸭脚，不妨银杏伴金桃。

〔宋〕杨万里《德远叔坐上赋肴核八首银杏》

得早，铺于层雪之下的银杏叶，灿金映雪，更是南方难得一见的奇景。

在植物世界里，银杏是一棵寂寞的树，它所在的纲目科属种，仅它一种。幸好中国人爱它，不仅广植多种，且培育出众多园艺品种。它那去除外皮和白色内壳后的淡黄果仁，虽有小毒，需食之有道，但嗜食之士却依旧不少。

不仅中国人爱吃，就连自中国获得树种的日本人，也颇爱以炒白果下酒。日本影片《家族之苦2》中那一堆被放入亡者棺木中的银杏果，代表了生活之淡苦与微甘，是世间潜藏着的孤单与温暖。

橄榄称珍奇

橄 榄
Canarium album
橄榄科 / 橄榄属

48

纷纷青子落红盐，正味森森苦且严。

待得微甘回齿颊，已输崖蜜十分甜。

〔宋〕苏轼《橄榄》

被一贬再贬流寓华南多年的苏轼，吃过的岭南佳果并非只有荔枝，也包括橄榄，"纷纷青子落红盐"，"待得微甘回齿颊"。既然东坡吃过盐腌橄榄，那么，今日中国人常含在口中的那一枚甘香金黄的蜜渍甘草榄，老苏说不定也曾吃过。

橄榄这个中文名，原本仅归橄榄科植物 *Canarium album* 一树专有，它原生于中国南方，在中国人眼中是回味无穷的南国青青果，好处多多，"侑酒解酒毒，投茶助茶香。得盐即回味，消食尤奇方"。即便品评他人文章，也要赞美"初如食橄榄，真味久愈在"。

后来，西风东渐，代表和平的西方橄榄枝文化被鸽子漂洋过海衔至华夏古国，被商家宣传为健康养生的西方橄榄油被集装箱运来中国大陆，现代中国人往往将两种异科异属的植物混为一体，许多人甚至以为传统蜜饯果脯里的那枚纺锤形橄榄亦属西方来客。栽培橄榄几千年的老祖宗地下有知，只怕要摇头叹息。

其实，橄榄油，《圣经》里插下的橄榄枝，以及三毛的词里、齐豫的歌声中那株需要流浪远方才能追寻得到的梦中的橄榄树，真正的中文名字并不是橄榄，而是木樨榄（*Olea europaea*），是种加词标明原产于欧洲大陆的木樨科木樨榄属植物，俗称洋橄榄或油橄榄。

身为中国嘉果的橄榄，并不宜用于炼油。如若生食，初尝味道酸苦，中途方始回甘，未必人人都能接受。但闽粤人民富于饮食智慧，以之制作蜜饯果脯，便成为深受欢迎的传统零食。如若不喜甜食零嘴，潮汕地区还有一道开胃佳品"橄榄菜"可供选择，以之佐白粥，可以多吃一碗；作为配料炒豆角，增香添味，也是华南餐桌上常见的风味小菜。

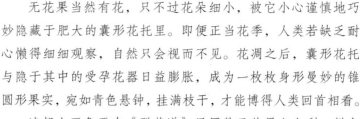

映日无花果

　　无花果当然有花，只不过花朵细小，被它小心谨慎地巧妙隐藏于肥大的囊形花托里。即便正当花季，人类若缺乏耐心懒得细细观察，自然只会视而不见。花凋之后，囊形花托与隐于其中的受孕花器日益膨胀，成为一枚枚身形曼妙的锥圆形果实，宛如青色悬钟，挂满枝干，才能博得人类回首相看。

　　清朝人王象晋在《群芳谱》里历数无花果之七利：鲜食于身有益，干制可堪久藏，夏秋果期漫长常供佳果，生长快速当年结实，叶能入药，秋后未熟生果可供蜜渍，得土即活广植能够救荒。确如王象晋所言，隶属于榕属的无花果，是插枝可活的小乔木，南北皆宜栽培，既不惧虫害，又容易结果，连开春新栽下的手指粗细小苗，都能当年挂果。

　　无花果树，极易为人辨识，大叶深裂成掌而叶脉清晰，生时青色熟后重紫的果实，如同一个个粘枝而生的小馒头，故而古人亦称其为"木馒头"。熟透的紫馒头剖开来，是一个中空绵软内馅蜜甜的糖包子，食之甘润可口。

　　除却鲜食与晒制果干，无花果亦能被广东人煲成一煲靓汤，更能够制作果酱、果汁、果酒、果茶等。无怪乎种植日繁，当前中国南北东西地界，皆能见到无花果园。

　　在《圣经》里，无花果屡被提及。许多人认为亚当、夏娃吃掉的禁果，不是苹果而是无花果。或许无花果不花而实显得过于神秘，东方地界也频频将它与佛教仙果挂钩，因为佛经里有"优昙花者，此言灵瑞。三千年一现，现则金轮王出"的句子，世人亦将无花果称为"优昙钵"。

　　吃了无花果，未必能添智慧悟禅机知羞耻，能满足口腹之欲倒是真的。人生在世，终归要填饱了肚子，才有力气、有余裕去顾及爱与美。

无花果

Ficus carica

桑科 / 榕属

推情不入世浮华，百卉多妍莫漫夸。
果熟人间桃少核，味同海上枣如瓜。
已空色相无花吐，为怕烟尘留叶遮。
一种禅机清熟脑，婆娑窗外碧笼纱。

〔清〕安定《无花果》

龙 眼
Dimocarpus longan
无患子科 / 龙眼属

龙眼玉生津

52

不美蒲萄马乳寒，品流须着荔支间。

幽人顿觉空囊富，合浦明珠一夜还。

〔宋〕李光《文昌陈令寄龙眼甚富》

人类实在太爱品评次序。无论是封神榜上众神，还是梁山一百零八条好汉，均要排定座次，以分层级。植物当然也不能幸免。各色花谱里，往往只凭执笔人个人喜好，就对众花肆意品评。

荔枝既有美貌贵妃当粉丝，又有一代又一代的名诗人唱赞歌，自然无人敢去撼动它岭南果王的地位。然而，仅因荔枝方过，龙眼即熟，就"龙眼也随君并熟，一生空作荔枝奴"，延续千百年地将龙眼称为"荔枝奴"，龙眼的委屈，真是比为牡丹当了千余年丞相的芍药还要来得深重。

在苏东坡眼里，"龙眼质味殊绝，可敌荔支"。作为一个对现代植物学一无所知的古汉语尖子生，苏轼说"龙眼与荔支，异出同父祖"实不算错，因为荔枝龙眼虽不同属，却同在无患子科。这两种原生于中国南部的果木，拉丁学名都打上了浓重的汉语色彩，荔枝（*Litchi chinensis*）的属名词 *Litchi*，龙眼（*Dimocarpus longan*）的种加词 *longan*，都源自粤语译音。

写《岭表录异》的唐人刘恂虽然也蔑称龙眼为"荔枝奴"，却别具慧眼地看出它与无患子也源出一脉："形圆如弹丸，大核，如木槵子而不坚。"同科远亲无患子之果实可当皂液除垢，龙眼果就只宜满足人类的口腹之欲。夏七月，自树上折下龙眼果枝，取一粒，剥开枯黄外衫，在黄色果壳与褐黑大核之间，那层丰厚的肉质假种皮，晶莹剔透、流甘溢蜜、全无酸苦。

龙眼虽甜，鲜食并不腻人，说它"益智神能健"或许还嫌夸张，说它"清心暑可驱"却非常中肯。晒干的龙眼，运进中药铺里，住进一格又一格的小小抽屉中，就换了个名字叫"桂圆"，变成了熬煮甜汤茶饮以期养血安神的滋补圣药。

佛手香玲珑

素喜阔朗的贾府三姑娘探春的房间陈设清爽高雅，室内清供唯大理石案上一囊白菊与紫檀架盘内数十佛手，简简单单，却令人读之难忘。板儿嚷着要吃的佛手，是柑橘属植物香橼（*Citrus medica*）的变种，虽是柑橘的近亲，却味道不好。

明清之人，秋冬之际，常爱于炕桌几案上摆一盘佛手，取其明黄亮色，也借其一缕清芬。当然，也寄念于它佳名的汉语好意蕴，毕竟，无论是唤作香圆或香橼，还是佛手，都是意味着圆满或带着佛光的好名字。只是，在现代植物学中，三个名字各有所归，香圆一名，已指配给叶为复叶、果皮更粗、叶果皆与香橼略有差异的 *Citrus grandis × junos*。

佛手虽宜室内清供，但庭植一株未尝不是园中佳木。柑橘属植物均四季常青，叶泛碧光，雨淋霜摧之后犹见青翠，果实若不采摘，挂于枝头，黄橙丹赤，色泽绚烂，经冬不落。冷冬十二月，若有一株佛手在庭，则冻雨初雪过后，革质碧叶如洗，蜜蜡黄果娇香，一树拥碧簇金，实为隆冬庭院秀色。寒风过处，暗香悄至，更是怡人。

对于佛手果似有若无的幽香，《浮生六记》作者沈复的爱妻陈芸最为推崇，不惜将茉莉比作小人，而赞"佛手乃香中君子，只在有意无意间"。诸种柑橙皆花白香浓，佛手与香橼之花朵，尤其芬芳酷烈。不知道芸娘对着一树馥郁的佛手花，会不会也要说它是香中小人。

以香入名的香橼，虽然果形与佛手并不相同，但果实亦大而香。其实佛手原是果实发育成熟时变异，形成状如手指的细长弯曲果条，或因果皮面积扩大，较香橼更增清芬。两者皆宜入药，亦可蜜渍果皮为茶入粥。古食谱《吴氏中馈录》说"香橼去瓤酱皮，佛手全酱"，不知是用糖还是盐来酱之，不然，我等贪食又好事者大可以唐突佛手，依法一试。

生绿熟黄却有因，清香闽峤共呈珍。

似开贝叶瞿昙手，妙合华阴仙掌垠。

异物不须传驿路，奇芬欣得近枫宸。

画图尺素分枝干，相对无烦忆海滨。

〔清〕爱新觉罗·玄烨《佛手柑》

佛 手

Citrus medica 'Fingered'

芸香科 / 柑橘属

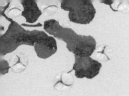

木蜜荐秋腴

说起枳椇，估计没几个人知道它是谁。但如果亮出它弯折拐曲的果枝，可能会有很多人如遇久别重逢的故知，纷纷报出它五花八门的俗名：天津人说是金钩梨，浙江人说是金钩或银钩，广东某地叫它木钩子，湖南某处唤为鸡脚爪，还有陕豫鄂川等地的更多人称呼它拐枣……古人若从历史深处飞过来瞧一眼，会唤它木蜜、树蜜、枸或者木饧，等等。

在所有名字之中，拐枣的普及率最高，相较于枳椇一名的生僻古雅，拐枣既以拐字象果序之形，又以枣甜喻其滋味，通俗易懂，更宜于人们记忆。

作为古老植物，枳椇虽在华夏多地均可生长，实际上不算多见。生于二十世纪七八十年代的人，还可以说它是童年回忆。记得幼时我曾从长辈手里接到过一把苍褐拐枣果枝，边忙着摘除果梗上的黑色圆球种子，边将肥大甘甜的果柄揉进嘴里。

枵楂以馨烈蒙采，枳椇以甘芳见识。

援蔓荽于林际，架葡萄于沼侧。

〔宋〕晏殊《中园赋》（节选）

枳 椇
Hovenia acerba
鼠李科 / 枳椇属

然而，这样的记忆，生于二十一世纪的新生代，几乎都不曾有过。当下虽物流通畅，枳椇却鲜见于水果摊铺。在生活节奏快速的当代人眼里，还需要摘除种子的拐枣，吃起来已嫌麻烦，这或许正是枳椇自人们视野中日渐消失的主因。

　　枳椇在夏季开绿白色小花，随后，宛如分子结构的二歧式聚伞圆锥花序消失不见，"形屈曲如珊瑚"的褐色果序梗渐趋肥厚，虽然丰硕但是味涩，要经霜后才能变得味甘如蜜。古人认为它"能令酒味薄"，"屋外有此木，屋内酿酒多不佳"，故而枳椇一直被视为解酒良物。如此说来，民间爱泡的拐枣酒，倒是一个矛盾的存在。饮之，是令人醉，还是令人醒呢？

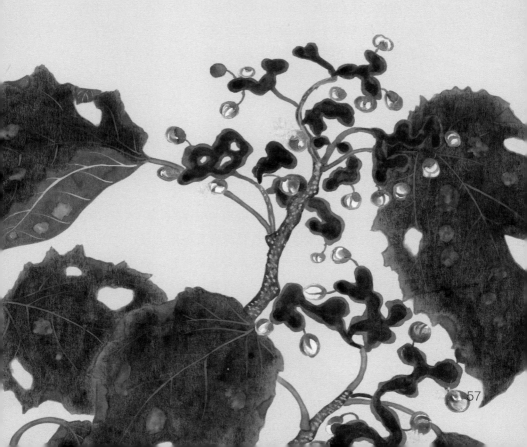

枳花春满庭

一度，枳在芸香科自成一属，常被人拿来作为现代植物学知识点去攻击古人晏子的名言"橘生淮南则为橘，生于淮北则为枳"，嘲笑古人缺乏常识。近几年，植物学界将枳属并入柑橘属，枳的学名被重新修订，由 *Poncirus trifoliata* 变成了 *Citrus trifoliata*。虽然枳由枳属换成柑橘属，但并不代表着晏子完全说对了。枳虽是柑橘近亲，但枳与橘，从来都是两个物种，不会因为移民他乡就脱胎换骨。

野生枳树刺多且长，往往刺长三四厘米。正因多刺，古人惯于插枳为篱，"幽居地僻少人知，野水春风枳树篱"。以枳棘编就的天然防护墙，可谓是蛇兽难侵、雀鸟不站，且春风一吹，满篱白花，一带清芬，比竹篱更具风情。除刺之外，枳叶也与单身复叶的橘不同，通常一柄而生三小叶，叶柄又常生有小小的细狭翼叶，宛如三指小掌，细巧玲珑。

酸苦而涩的枳果虽不堪食用，但按沈括《梦溪笔谈》所载，中医以"枳之小嫩者为枳实，大者为枳壳"，各按药性入药，也算是造福四方。亦因如此，枳常被称为枳实或枳壳。"恰到溪穷处，山山枳壳花"，在古时乡野，每年晚春初夏，这种因为刺多而被称为恶木的野生植物，就兀自花满空山野，香遍野人家。

说起来，上一次在故乡见到被唤为"枸橘"的枳，尚在童年。自从枳树所在的小树林被推平变成温室大棚，就不曾再见过枳花。古时枳棘花开满道旁是寻常景致，今日院落的一围铁丝网或钢筋墙上，却连一朵田旋花都没有机会爬上。对于这一现实，古老的野生杂树如枳，又能有什么办法？

58

枳

Citrus trifoliata

芸香科 / 柑橘属

澧水桥西小路斜，

日高犹未到君家。

村园门巷多相似，

处处春风枳壳花。

〔唐〕雍陶《城西访友人别墅》

猫醉木天蓼

葛枣猕猴桃
Actinidia polygama
猕猴桃科 / 猕猴桃属

60

木天蓼，所在皆有生山谷中，今安州、申州作藤蔓，叶似柘，花白，子如枣许，无定形，中瓤似茄子，味辛，啖之以当姜蓼。

〔清〕《古今图书集成·博物汇编·草木典》（节选）

在猫宠世界大名鼎鼎的木天蓼，其实只是古称，现今正式的中文名其实是葛枣猕猴桃，与被新西兰自中国引种后培育而得的举世知名水果奇异果同科同属。和以奇异果作为商品名行世的猕猴桃一样，葛枣猕猴桃也是大型藤本植物，有着脉络清晰的卵形叶、素淡洁白的五出花，秋季果实成熟，挂出柱状长卵形的淡橘褐色小果。

只是，未经人工驯化的野生野长葛枣猕猴桃，其果实当然比不上栽培奇异果那般丰润甘甜，甚至连野生猕猴桃的味道也比不上。自古至今人们皆认为其果味辛，只宜制酱或酿酒。这种已成为国家级保护树种的植物，日渐稀少，且生于深山老林，待到果实转甘，早已被鸟雀啄食殆尽，鲜少有人能得尝其滋味。

虽说人类认为葛枣猕猴桃之果不值得一吃，但猫科动物并不如是想。其茎叶果均是令猫咪癫狂不已的"情花毒草"。若执一束葛枣猕猴桃枝在手，走街串巷，也许会吸引一长串的猫咪。

不过古人并不知道葛枣猕猴桃的逗猫功效，古代文献只记载了其果酿酒宜于祛风，"天蓼酒治风，立有奇效"。要不然，就是将葛枣猕猴桃嫩叶当作荒年救饥之物，"采嫩叶炸熟，油盐调食"，或者"地丁叶嫩和岚采，天蓼芽新入粉煎"。

事实上，若是真心疼爱家中猫宠，还是尽量少向它们投放木天蓼为妙。猕猴桃碱会刺激中枢神经系统，会令猫不由自主地兴奋、打滚、流口水、打呼噜甚至蠕动或呆滞恍惚。设身处地，一个具备理性的人也不会愿意被人无端投喂大麻之类令人上瘾而终致伤身的毒物，猫若有知，也一定不会愿意多尝令其致幻的木天蓼。

溲疏花扶疏

解手一词，是中国许多地方的俗语方言，意指上厕所。虽然这个词语早在明清话本小说里已经出现，但很可能是"解溲"的误写。溲字，在汉语里，自古就有排泄大小便之意，在西汉诸史书里更是常见，如《史记》里记"沛公辄解其冠，溲溺其中"。比之略显莫名的解手，"解溲"用来指代上厕所，实在要合情理得多。

故而，溲疏这个植物名，看起来很古奥，其实名字直指它在中药运用中的主要功能，它能"除邪气，止遗溺，利水道"，换言之，溲疏换成现代表达，就是尿通。此名作为药材名字倒是无伤大雅，作为美丽花木之名，未免有美人蒙尘之恨。

古时，一个药材名，究竟所指何物，常备受争议，溲疏亦不例外。医书中有近半文字是各医家在争论"杨栌、空疏、巨骨"等别名与溲疏，是一物多名还是属于不同植物。不管谁对谁错，如今中国拥有的五十多种溲疏属植物，都很不幸地以溲

齿叶溲疏

Deutzia crenata

绣球花科 / 溲疏属

为名，而在邻国日本，它们就幸运许多。比如，原生日本的齿叶溲疏，其日文名是"空木"，就连其别名，也是"卯の花（卯之花）"或"雪見草（雪见草）"。

"空木"之名，一如中国古人因为溲疏"皮白中空"而称之为"空疏"，乃因茎根中空而得名。而卯之花这个别名，则因花期而来，齿叶溲疏盛放的阴历四月，在日本被称为卯月，它自然而然就成为卯月当之无愧的代表花朵。至于雪见草，也是依形而命名，形容溲疏花开时宛如白雪覆枝。

这种在许多城市都有栽培的园艺花木，每逢暮春初夏，无论花开单瓣还是重瓣，总是将一枝枝绽放得繁茂丰盈的花序挂满枝头，白花满树，缀雪堆玉，很是美丽。这种时候，看花的人不如忘掉那个不够风雅的溲字，只记取它花木扶疏满眼雪飞的美丽模样就好。

63

丹实紫金牛

朱砂根的日文名，叫作"万両"（万两），同属的百两金和紫金牛的日文名分别为"百両"和"十両"。你问有没有千両？有的，但日文名"千両"拥有者已经不再是紫金牛属植物，而是金粟兰科植物草珊瑚（*Sarcandra glabra*）。

紫金牛属是有三百余种植物的大属，其中的许多物种都拥有赤珠似火的球形浆果或核果，如名字中就带着红字的雪下红（*Ardisia villosa*）、少年红（*Ardisia alyxiifolia*），以及遍体毛茸茸的虎舌红（*Ardisia mamillata*）。

在以红色为喜庆吉祥色彩的中国，结着一树赤果的植物，与处处流红溢丹的春节最为相宜。因此，紫金牛属植物是许多人家的年花之一。正月新年，盆内装饰一盆朱砂根，革质翠叶光泽莹然，朱红珠果灿若珊瑚，商家巧立名目，换上一

紫金牛，叶如茶，

上绿下紫，实圆，红如丹朱。

〔清〕《古今图书集成·福州府物产考》（节选）

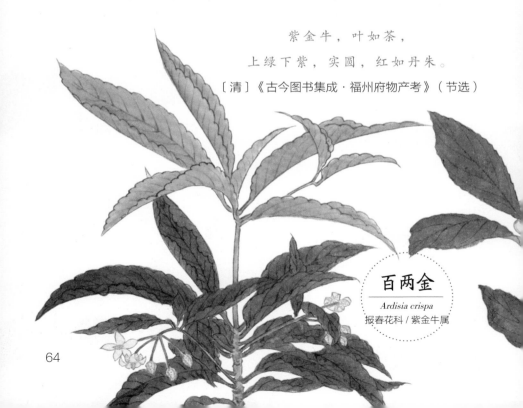

百两金

Ardisia crispa

报春花科 / 紫金牛属

个吉庆有余的商品名,不称朱砂根,而唤为"黄金满堂"或"金玉满堂",更能赢得顾客欢颜。

旧时,紫金牛、朱砂根和百两金都是中药药材,在《本草纲目》里各有词条。对中医医家颇有微词的鲁迅,在散文《父亲的病》里提及的"生在山中树下的一种小树,能结红子如小珊瑚珠的,普通都称为'老弗大'",却偏被医家写成众人不知所指的"平地木",其实就是紫金牛。

今日,紫金牛属众木离开林野,成为园林苗圃和都市人家的观叶兼观果植物。它们的球形果实,初青后赤,鲜红透亮的成熟果实不会立即脱落,常常整个冬春季都有丹实可赏,一些果子甚至能一直在枝上挂到晚春初夏。五六月间,新花已放,旧果未落,花果同枝的景象很是常见。

相形于果实的红如丹朱流光溢彩,花朵就容貌一般,白色带着一点轻粉,在油绿而繁密的叶下轻垂着头,毫不起眼。可是,若没有这些低调的小花朵,也没有秋冬那一树珠红似火。

连翘一串金

开于早春三四月的连翘，一树黄色金光灿烂，有些人看到花开明黄便想当然地认为它是迎春。实则连翘与迎春这两种植物虽然同科，但并不同属，仔细对比两者枝叶花朵，并无太多共性。

迎春与连翘的最大区别点，是迎春花冠一般裂为六瓣，而连翘却为四瓣。换言之，只要懂得数数，仅看看单花瓣数，就能简单明了地将两者区分出来。更不要说迎春枝条软垂，多植于河堤沟岸或路侧，长枝蔓引，披道轻拂，而连翘是直立型灌木，树冠虽蓬然如伞，但枝条皆凌空张举。

连翘也是一味药材，作为清热解毒之物，在现代中成药界颇有名气，普通民众都曾听过中成药如银翘片或连翘解毒丸的大名。但古代医家眼里的"连翘"未必就是今日木樨科这种满枝串金的观花园木。出现在中医古文献里的"连翘"，常常被描述为"草"而不是木，且"其实似莲，作房翘出众草"之类的文字，读来读去都觉得更有可能指的是金丝桃科金丝桃属的小连翘（*Hypericum erectum*）。虽说两者都开黄花，但一灌木一草本，作为植物区别很大，很难想象古人竟然会弄混，可是，就文献记载来看，他们还真可能是分不清的。

或许中国人对连翘这个名字特别偏爱，正式的中文名中包含"连翘"二字的植物，还有茜草科的土连翘（*Hymenodictyon flaccidum*），以及常见于华南绿化带、开着美丽紫花的马鞭草科植物假连翘（*Duranta erecta*）。即使它们长得并不相似，但这一长串的连翘、小连翘、土连翘和假连翘列出来，光是名字，都能让人听糊涂，实在是令人不由得要感叹：汉字何其多，何必单恋"连翘"两个字？！

连 翘
Forsythia suspensa
木樨科 / 连翘属

前年视我山中病，落日独骑骢马来。

记得任家亭子上，连翘花发共衔杯。

〔明〕杨巍《平定李侍御应时予之同年友也曾视予病感之寄此》

67

厚朴
Houpoea officinalis
木兰科 / 厚朴属

篱外高枝厚朴花。雨晴山鹊语喳喳。

斋罢道人无一事，数檐牙。

日与春迟弥澹水，梦随人散没开遮。

唤取樵青擎茗碗，碧萝芽。

〔清〕沈曾植《山花子·篱外高枝厚朴花》

木兰属植物，往往都是高大乔木，躯干挺拔，而大花朵朵盛放枝头，宛如莲花端放于梢，着实端庄大方。《水浒传》里写九天玄女"正大仙容描不就，威严形象画难成"，被金圣叹赞叹不已的"正大仙容"一词，如果用来形容木兰科的玉兰、厚朴等植物花朵，倒非常合适。

厚朴叶片硕大，仿佛一片片小型芭蕉叶，大叶舒展，茎枝繁茂，浓荫覆地，庭植一棵，盛夏时，庇得一方阴凉。与作为观赏花木的各色玉兰木兰相比，厚朴花儿毫不逊色，也生得非常漂亮，厚实的肉质花瓣略微泛黄，类似沁着冰黄的玉匙，花蕾含苞时诸匙紧紧环抱有如小小箭镞，绽放则群匙或横或竖，各自餐风饮露，守护着中心那轮饱满的花柱。

在园艺界中默默无闻的厚朴，真正的扬名立万之所，乃在药材界。自古以来，中国人剥取厚朴树皮，以之入药。

据中医药理，厚朴入药，常需"干姜为之使"，即以姜汁炙法炒干，制成姜厚朴。这点小小药理，被明人冯梦龙利用，在其笔记小说里敷衍出一段真伪莫辨的巧言善辩故事：苏轼与名为姜制之的人共饮，并以"坐中各要一物，是药名"为酒令。姜先发制人，指着苏轼说他是"苏子"，向来伶牙俐齿的苏轼迅速回应："君亦药名也。若非半夏，定是厚朴。"众茫然不知其解，苏轼点醒："非半夏，非厚朴，何故曰姜制之？"

古文人向来酷爱写药名诗，借药名杜撰几篇名人故事，自然更非难事。只怪苏轼声名太盛，以至于后世捏造的各种或雅或俗传说故事里，总爱拉他客串演出。

这种原本多见于川鄂两省山野的树木，因为其药用而被采伐过度，野生种已日渐稀少，成为保护树种。

高枝厚朴花

紫珠果盈枝

日本古代尚紫，以冠冕颜色区分官位高低的"冠位十二阶"中，紫色居六色之冠。自然而然，结着紫色果实的植物紫珠，也托果色被日本人民高看一眼。日本紫珠（*Callicarpa japonica*）在日本被唤为"紫式部"，直接以大名鼎鼎的平安时代女作家之名为名。顺理成章，结白色果实的日本紫珠成了"白式部"，而果实更小巧玲珑的白棠子树（*Callicarpa dichotoma*）则被唤为"小紫"。

如同所有观果植物一样，紫珠属诸成员的美貌巅峰期在秋冬果熟之后。簇生于枝上的紫色浆果有大有小，或像日本紫珠般果子稀疏分散，或如白棠子树般众果绕枝累叠，如同给树枝戴上串串紫链。无论果序疏密，在以红黄二色居多的秋果当中，这一树的紫色珠子，实在与众不同，非常吸人眼球。

虽然西方人称紫珠为 beauty berry，但这些紫色珍珠却中看不中吃。据说连鸟儿也不太欣赏紫珠果的味道，在无果可食别无选择的时候，才肯勉为其难地前来啄食。

中国古人常将紫珠与豆科植物紫荆（*Cercis chinensis*）弄混，古书里"陈藏器曰：即田氏之荆也，至秋子熟，正紫圆如小珠，名紫珠"的"田氏之荆"即指紫荆，只是，早春三月未叶先花，一树紫色小花如珠贯枝的紫荆树，并不会结出紫色珠果，而是挂着扁长豆荚。宋人唐慎微倒是很明白两者并非同种，"紫珠，一名紫荆树，似黄荆叶小无丫，非田氏之荆也"，只因两者共用紫荆、紫珠二字，才导致名物混淆。

对现代人来说，分清紫珠、紫荆并不难，而要将四十多种原生紫珠属植物一一区分开来，却是难事。其实不必勉强自己，在秋冬季，若见到一树紫果盈枝的灌木，知道它很可能来自紫珠属，已然足够。

紫珠，一名紫荆树，
似黄荆叶小无丫，
非田氏之荆也。
至秋，子熟，正紫，
圆如小珠，生江东林泽间。
〔宋〕唐慎微《证类本草》（节选）

紫珠

Callicarpa bodinieri

唇形科 / 紫珠属

71

金缕梅，

其色金瓣如缕，

翩翩婥娜，

有若翔舞，

春时盛开，

望去疑为蜡梅。

〔清〕汪灏《佩文斋广群芳谱》（节选）

金缕梅

Hamamelis mollis

金缕梅科 / 金缕梅属

在众芳沉寂的一月末，
金缕梅的明黄花朵已然在枝头
轻盈曼舞。

极具辨识度的金缕梅，因花开早春，与梅花同时甚至更早于梅，才得以以梅字入名。在众芳沉寂的一月末，金缕梅的明黄花朵已然在枝头轻盈曼舞。花色灿烂的金缕梅，色泽与蜡梅相似，但花瓣却截然不同，是花卉中并不多见的长条形缕状，丝丝缕缕，张扬翩跹。

早春花朵，常常先花后叶，金缕梅亦如是。一月初，铁灰枝干上已孕出毛茸茸的褐红色花苞，膨胀之后，如满握的小小拳头。随后，似乎终于管不住掌内那一把奔涌的生命力，掌心倏地打开，洒出数条欢欣飞腾的黄丝带。苍灰老枝，鲜黄嫩朵，沧桑岁月与新生春色完美融于一体，在犹自寒冽的风中，兀自浅笑。

在欧美人看来，一枝正在开花的金缕梅树枝，好似动漫里小仙子手里的魔法棒，轻盈地在空气中画一个圈，忽地棒头就幻化出一朵金光闪闪的烟花，是以金缕梅的英文名为 witch hazel。这种以魔女入名的树种，家族成员并不多，原生仅六种而已，其中四种原生北美，另两种分别生于中国和日本。

1879 年，植物猎人查尔斯·马里斯自中国九江将中国金缕梅带回欧洲大陆。二十世纪初，金缕梅受到了园艺家的关注。如果你看到一树红丝飞舞的金楼梅，它多半是经园艺培育而成的间型金缕梅（*Hamamelis × intermedia*）。

要赏金缕梅，往往需要前往植物园。但若就是钟爱那一种花瓣如细丝带般弯曲飞扬的花朵，也能找到完美的替代物，即大小城市绿化道里常见的金缕梅科植物红花檵木。它是檵木（*Loropetalum chinense*）的园艺品种，逢到四五月花期，一树红紫花丝垂缕，花繁密得几不见叶，极为美丽。若无金缕梅可看，就好好欣赏下檵木吧。

枫老树流丹

"殷勤谢红叶,好去到人间。"红叶题诗的故事,固然浪漫,但如果以科学角度去追问,作为秋色、相思或浪漫等的代名词,在浩瀚古诗词里深受喜爱,出现了无数次的红叶,每一枚究竟属于哪一棵树,只怕就算拿齐了全球所有大学的植物学博士学位,也无法做出正确解答。因为,秋天叶红似血的树叶,太多太多。

即使把问题再缩小一点,不问红叶,仅提枫叶,中国诗词里红于二月花的"枫"究竟是哪个物种,只怕也一样会难倒一堆植物学家。因为写得一手好诗赋的古人,大多都是植物盲。

古代也有明白人,说枫"叶圆而歧,有脂而香,今之枫香是也",然而,槭树叶片也有浅裂或深歧,这样的描述等于没有用。后世也有好事者,总结出:叶片三裂者为枫,五裂者为槭。可是,每个家族都会有一头黑羊:槭属的三角槭(*Acer buergerianum*)默默亮出类似枫香叶的三裂叶子;而北美枫香(*Liquidambar styraciflua*)则漫不经心地抖下两片叶子,一片五裂,一片七裂。

虽然枫香树属的近亲里总有成员爱耍个性,但一般来说,枫香树性情稳定,会正常地裂成标志性的三裂掌形,结出如构树果实一般的球形果序。只要三角槭不跑来乱人耳目,人们用三枫五槭的简单区分大法来识别枫香,基本还是可行的,能很容易地从各色红叶子中将枫香树认出来。

然后,等到秋高气爽,枫叶初丹槲叶黄,树叶纷纷染金点赤,正是亲近自然、感受四季流转的好时节。不妨去到一处红叶景点,衬着明净湛蓝的高空碧霄,在一树流丹盖火的三角形红色叶片之下,享受一个完美的秋日。

秋入枫林霜叶零，劳劳吴楚此孤亭。

阶前湖水环双碧，槛外庐山送远青。

〔明〕皇甫汸《题枫香驿亭子》

枫香树

Liquidambar formosana

蕈树科 / 枫香树属

萧萧浅绛霜初醉，
槭槭深红雨复然。
染得千林秋一色，
还家只当是春天。

〔明〕柳应芳《赋得千山红树送姚园客还闽》

鸡爪槭

Acer palmatum

无患子科 / 槭属

在日语里，鸡爪槭的名字为"槭（かえで）"或"红叶"，枫香树则为"枫（ふう）"，发音不同，但汉字皆为"枫"。

其实，"かえで"所对应的汉字，原本书写为"槭"，无奈红叶即为枫叶的观念深入人心，槭树之名无人知晓，枫树倒是举世皆闻，民间的力量终于超越科学理论，鸡爪槭的日文名就此彻底改变。

以槭为枫的并非仅有日本，中国人如果看到一树赤焰婆娑，舞着精致七裂叶片的鸡爪槭，脱口而出的称呼只怕不是枫树也是红叶，根本不知道槭树是何方神圣。甚至连学术界也扛不住约定俗成的民间力量，鸡爪槭的某些园艺变种，也未能免俗地以枫为名，比如红枫（*Acer palmatum* 'Atropurpureum'）。

如果春夏季去观树赏叶，让一株枫香树与一棵鸡爪槭并列选美，若单凭叶形，恐怕最终还是鸡爪槭取胜。因为它的七深裂掌状叶精致优美，每一轮裂片都生着雅致细密的锯齿纹边，宛如一把小小的七羽羽毛扇，映着煦日，舞着轻风，在树下扇出错落有致的叶影。

然而，更为美丽的槭树被误称为枫，在中国可能由来已久。在唐代，槭已经成为树名，唐人萧颖士说道："山有槭，其叶漠漠……想彼槭矣，亦类其枫。"但后世之文字，除偶尔提及"槭木可作大车辕"外，少见槭作为树木现身。估计，那些在历史的秋天里层林尽染红叶满枝的槭树，无一例外，都戴着枫或红叶的面具，悄然隐遁于黑色墨迹之后。

植物界的张冠李戴事件，并非枫槭一件。这一次，究竟是被槭树冒名顶替的枫香树比较委屈，还是年年秋试一举夺魁却要眼睁睁地看着红叶榜首写着枫树之名的槭比较委屈呢？

槭
叶
红
于
枫

荫浓七叶树

人迹到处，总有树木相随。在形诸文字的宗教典籍里，也总有沾着佛光沐着神气的草木出没。

比如，佛陀涅槃于其下的娑罗树，到底是龙脑香科的娑罗双（*Shorea robusta*）呢，还是无患子科的七叶树（*Aesculus chinensis*）？大多数人似乎认为七叶树才是佛树娑罗，"今高座诸寺有娑罗树，干直而多叶，叶必七数，一曰七叶树"。现代植物学取七叶树为正式中文名，以娑罗树为别名。因此，到了海子的诗里，娑罗树就以七叶树的名号出现："七叶树下，九根香，照见菩萨的第一次失恋。"

然而，叶必七数只是古人误解。许多树木都很调皮，花瓣数量未必不变，叶裂几片未必恒定，掌状复叶的"复"更有可能数字不等。在七叶树上，一枚掌状复叶，虽以一柄七小叶为常态，

日本七叶树
Aesculus turbinata
无患子科 / 七叶树属

但人类依旧从满树繁叶中找出仅生有五叶的绿色手掌或六叶对称的六指叶魔。好在，无论复叶数字是五六七的哪一个，都无损于掌叶形态之美。自树下仰视，阳光自繁密叶片中稀稀洒下，映衬着蓝天光影的七叶树冠，着实令人观之心静。

不管七叶树是不是真正的佛教圣树，无碍于它春荣冬枯、高树参天、叶茂花美。五至七出不等的掌状复叶固然堪赏，初夏繁花盛开后，七叶树就变成了"托塔天王"，树冠之上竖起无数圆锥形的白色花序，宛如在绿盖之上托起一座座白塔，更显俏雅。

花谢之后，会结出如橡实似板栗的果实，所以，除了高端神圣的"娑罗树"之名外，"猴板栗"也是它的别名之一。然而，七叶树之果生食并不好吃，甚至可能还带有毒性，只怕猴子也未必赏脸。据说"开心果"也是它的别名，究竟是谁吃了七叶树果会感到开心呢？

伊洛多佳木，娑罗旧得名。常于佛家见，宜在月中生。

暗砌阴铺静，虚堂子落声。夜风疑雨过，朝露炫霞明。

车马王都盛，楼台梵宇闳。惟应静者乐，时听野禽鸣。

[宋] 欧阳修《定力院七叶木》

紫穗欲醉鱼

虽然以草入名，但醉鱼草并非草本，而是可以长到两三米高的小灌木。如果临池栽下一棵，满池虾兵鱼将，可能会吃一点苦头，因为"会醉"。

会醉还是好的，实际上，如果人类将醉鱼草捣碎，扔至河中，按李时珍的说法，醉鱼草能直接将鱼毒死，"渔人采花及叶以毒鱼，尽圉圉而死，呼为醉鱼儿草"。

或许，渔人投放的醉鱼草花叶剂量把握到位，能令鱼仅仅麻醉晕倒易于捕捉，才更符合事实。只不过，因醉而被活捉的鱼，终究还是逃不过人类的煎煮烹调，难免一死。

中医向来不惮于用毒草医病，李时珍就一边说着醉鱼草令鱼圉圉而死，一边开出药方，"痰饮成齁，遇寒便发，取花研末，和米粉作粿，炙熟食之，即效"。但如此大胆而为，终是能正确把握药效与毒性分界线的专业人士才能干的事。普通人群，见到醉鱼草，驻足静观即可。

尽管醉鱼草对鱼类不太友好，但它作为观赏花木却很优秀。它花期漫长，能自暮春一直开到仲秋，花期长达半年之久。盛夏花繁之时，一树绿叶紫花，花冠四裂的筒形小花绵绵密密地排列于花序之上，枝枝长序如穗，沉甸甸垂悬于枝头，灼灼紫艳衬着浓浓翠叶，再加上花香袭人、芬芳浓郁，是很能醉人的夏日树景。

在城市园林，除了常见的紫色花朵醉鱼草，偶尔还能见到花色为白、粉、橙、黄的醉鱼草。这些异色花朵，要么是醉鱼草的园艺变种，要么是醉鱼草属家族的其他成员。不管是哪一种，请勿攀折揉弄，以免被它醉倒。

醉鱼草南方处处有之。多在堑岸边，作小株生，
高者三四尺。根状如枸杞。茎似黄荆，有微棱，
外有薄黄皮。枝易繁衍，叶似水杨，对节而生。

〔明〕李时珍《本草纲目》（节选）

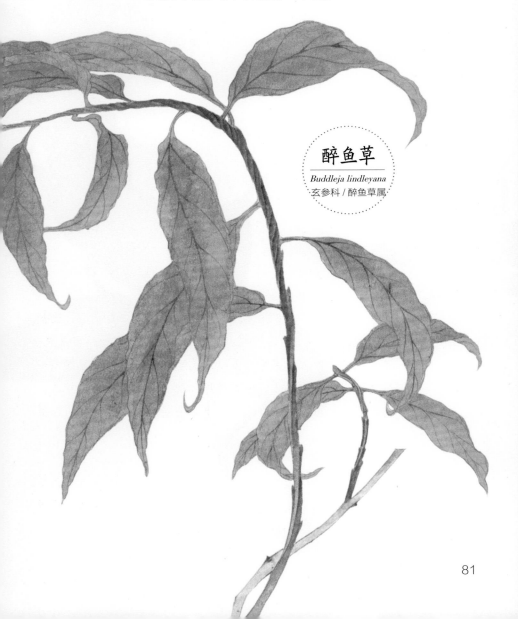

醉鱼草
Buddleja lindleyana
玄参科 / 醉鱼草属

青荬叶

Helwingia japonica

青荬叶科 / 青荬叶属

如果曾经于花果期见过青荚叶树，一定会对它念念不忘。它并不起眼的淡黄绿色花朵，三五成群地聚集于叶片中央，宛如绿色叶舟上装载着的小小花束。花凋果成，青叶小船上的货物就变成了生时青碧熟后紫黑的果实。

青荚叶属物种并不多，但几乎所有物种的花都开在叶子上，只是花朵细小，若不细看就留意不到。倒是果实成熟之后，每片叶脉清晰的碧叶盘上，都托着一粒或数粒黑珍珠，蔚为奇景。

因为特征明显，青荚叶的民间俗称一般为简单明了的"叶上珠"或"叶上花"。相形之下，它的日文名"花筏"更富文学意蕴。对于姿容并不算特别出色的青荚叶来说，这个日文名可谓对它礼遇有加，因为樱花散落于水面之上的片片花瓣，亦被称为"花筏"。

花果长于叶面之上的植物，并非青荚叶属这一类。只是很多物种并不原生于中国，少有机会得见。有一种原生欧洲的假叶树（*Ruscus aculeatus*），花落之后会在叶面结出赤色球果，很是抢眼，所以中国也有引进栽培。但据植物学家言，假叶树的叶片只是长成叶子形状的枝条而已，并不是真叶子。日本人参照青荚叶之名，为之取名为"梛筏"。

不得不说，一个筏字，为静止不动的植物平添了水流船行的动态画面感，实在取得高明。若是为每个植物都取一个成语名字，或许最适合青荚叶的当为"掌上明珠"。其实，无论将叶子比喻成筏、掌还是盘，这些叶子之上开花结果的植物，都令人不能不感叹造物之奇。如果有缘在都市或林野与青荚叶偶遇，就好好欣赏一下它们满枝花筏载着明珠的奇特模样吧。

青木珊瑚果

桃叶珊瑚是丝缨花科内的一个小属，除了青木（*Aucuba japonica*）外，属内其他诸种中文名字里几乎均有珊瑚二字。

桃叶珊瑚这四个字已粗略勾勒出它的外形特征：叶形如桃叶，果红似珊瑚。只是，桃叶之叶薄且并无什么光泽，桃叶珊瑚却是油绿革质，阳光照射之下，叶面宛如碧光流动，要比桃叶美丽得多。而且桃叶珊瑚是常绿灌木，叶片经冬不凋，故而得名青木。

是以，虽然很多人可能没有听过青木或桃叶珊瑚之名，实际上却早已与它天天相见。或许公寓楼下，马路旁边，都有一围青木绿篱或几株桃叶珊瑚在侧，只是大家不知道它的名字而已。

都市绿化最爱种植的，往往是青木的园艺变种花叶青木，又称洒金桃叶珊瑚。它的绿底叶面上随意挥洒着黄色斑块或点

纹,翠玉底上洒金粉,很是别致。春三四月,正是百花争艳之际,桃叶珊瑚虽也亮出一枝枝顶生的圆锥花序,但是算不上好看。小小的单花,因品种不同,花色相异,青木的花一般是紫色,花冠四裂,贴近了看才能看得分明。即便十数朵群集而开,也很能自春花中出众。需要一提的是,如同银杏等植物,桃叶珊瑚也是雌雄异株,细细观察就会发现,雌雄花朵的模样,略有小异。

　　虽说花容欠佳,但花开之际,已经红透的果实依旧未落,尚在枝头。桃叶珊瑚虽不能以花朵与众芳争艳,那一树赤若珊瑚的果实,倒在万紫千红中显得别具一格,吸引来不少回头的目光。

青 木

Aucuba japonica

丝缨花科 / 桃叶珊瑚属

不插山茱萸

有时候，一种植物闻名于世，只需要一联诗，比如写茱萸的"遥知兄弟登高处，遍插茱萸少一人"。每当重阳，每当身处异乡，这首孩提时代出现于课本的唐诗就会自动自觉地浮现于每个得了思乡病的中国人心头。

只是，王维诗里登高遍插的茱萸到底是山头哪一种植物呢？包含茱萸二字的现代植物实在为数不少，包括山茱萸属、吴茱萸属、草茱萸属、蜜茱萸属等。但从"茱萸，叶与实俱似川椒……九月九日为上九，茱萸至此，色赤气烈，采其房佩之，可避恶气"的古文献来看，重阳节插的茱萸、饮的茱萸酒，其实都是果实宛如花椒的吴茱萸（*Tetradium ruticarpum*）。

不过，若论果实之美，还是山茱萸略胜几分。待到九九重阳，已是山茱萸的果季，登高之人，所见草木，无非衰丛残叶。除却几处野菊秋色灿黄，大概也只有野树枝头的各色果实能为晚秋荒野添一份生机。与古人年年重九泛起的乡愁无关的山茱萸，一树红实挂枝，宛似繁花璀璨，长得一点也不哀伤，长椭圆形核果泛着珠光、溢着赤彩、缀满枝头，喜庆而又美丽。

果堪赏，花也值得一看。早春二月末，山茱萸就已零星着花，一如许多于春寒料峭中盛放的早春植物，它也是先开花后萌叶。虽然果实是美丽的朱红色，花朵却灿烂金黄，所以日本人替它取了个别名"春黄金花"。等到三月中旬盛花期，一树伞形花序，蓬然张开，轻盈降落于老树枯枝之上，映着春日，金光闪闪，是不同于秋日赤果的另一种明艳飞扬。

山茱萸春金花，秋丹实，是很宜于庭植的观赏树。此外，山茱萸果还富含益生菌，可以拿来制作酸奶。若有识之士能提供制作方法，相信一定会有许多好吃之徒跃跃欲试。

朱实山下开，清香寒更发。
幸与丛桂花，窗前向秋月。

〔唐〕王维《山茱萸》

山茱萸
Cornus officinalis
山茱萸科 / 山茱萸属

白桦

Betula platyphylla

桦木科 / 桦木属

褐裳新脱玉层层，红叶朱蕉谢不能。

拟制小冠韬短发，意行云水一枝藤。

〔元〕袁桷《戏题桦皮》

自华北平原乘火车一路向北，原野山林中，白桦身影渐渐变多。无论是一株孤木立于旷野之上，还是三三两两闲散成群或大片大片地丛生成林，那份白色躯干直上云霄的亭亭玉立，令人感到乔木的静谧之美。

白桦在零下三四十摄氏度的寒冷天气里也能安然越冬，故而在俄罗斯很是常见。年方三十就自缢离世的俄罗斯诗人叶赛宁，未足二十岁即以一首《白桦》闻名于世，"在朦胧的寂静中，玉立着这棵白桦"，字字句句都是对白桦树的赞美。

作为落叶乔木，伴随四季变换，白桦林里风景殊异。春夏，绿叶覆枝，浓荫满林；秋日，一树灿黄，遍地铺金；而冬季雪乡里的白桦树，叶尽凋零，长干直刺蓝天，正如叶赛宁所写"白桦树站在那里，就像一根根大蜡烛"。

以桦为烛，并非仅是诗人比喻。易生快长又耐苦寒的桦树，光滑如纸的树皮，可分层剥取，在古代，"皮堪为烛"，"胡人尤重之以卷蜡，可作烛点"，人们取桦皮制成桦烛，一烛如炬，静夜之中，见证了多少诗作的诞生。

桦皮也是制弓必用的良材，"其皮护物，手握如软绵，故弓靶所必用"。老舍的七律诗《大兴安岭》写"山中父老神枪手，系马白桦射雉还"，猎手手持的是一张桦皮弓。

对北国居民来说，桦烛也好，桦弓也罢，都比不上用桦皮当屋顶实用。《隋书》里载古室韦人"用桦皮盖屋"，《唐书》里的驳马国人则"皆剪发，桦皮帽。构木类井干，覆桦为室"。在北地边陲，戴桦皮帽是最寻常不过的日常装束，可是这顶帽子一旦戴到江南人头上，则会被视为奇装异服。"布襦零落，以桦皮为冠，曳大木屐"的江南名僧寒山，就此成为标新立异的行为乖张之人。

谁识青冈木

一棵树，如果没有美艳花朵，也没有可口果实，既不是观花园木，也不是栽培果树，纵使树龄数百，树高千尺，往往亦无人能识。壳斗科植物，大多属此类，寂静地生于山林之中，年复一年，任天地滋养植株，任岁月刻下年轮，然后，长大成材，高干直冲云天，宽腰阔大过尺，直至某一天，被人伐倒，化为木材。

壳斗科诸属中，或许以青冈属最不为人所知。青冈二字，看来看去，都似地名，是绿意满溢的山脊，是众木群生的所在。谁曾想，它却是青冈属约一百五十种植物的中文名里共用的两个汉字。

所谓壳斗，是植物果实之外还包有一层外壳。青冈的壳斗，外部苞片轮状排列，排成一个个如同紧致松塔般的碗碟杯盘，每个碗碟杯盘里面，仅盛着一枚长卵形的果实，将壳斗剖开来，会发现外部如鳞片分层的苞片，在里面却长成一圈又一圈的同心圆，分外可爱。

实际上，青冈可爱的小果实，正是橡子的一种。大名鼎鼎的橡树（oak），并不是某个物种一物专有的名字，而是壳斗科植物的泛称。橡树可能是一株栎属植物，也有可能是一棵青冈属或柯属植物。小叶青冈的英文名就是 Japanese white oak。因为树皮黑而木材白，日本人为之取名"白樫"，又称之为"黑樫"。

尽管普通人多不知世上有青冈树，但在专业人士和木工爱好者群体中，作为优质硬木的各种青冈树却闻名遐迩。据说，日本木工匠人所使用的拉刨，都是取小叶青冈为制作材料。纵使无娇花也无佳果，但在能发挥专长的木材领域，青冈树，实在并非寂寂无名之辈。

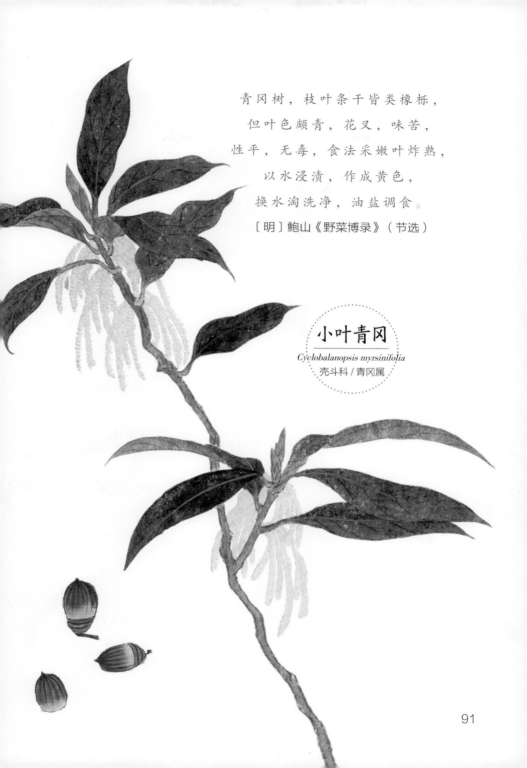

青冈树，枝叶条干皆类橡栎，
但叶色颇青，花叉，味苦，
性平，无毒，食法采嫩叶炸熟，
以水浸渍，作成黄色，
换水淘洗净，油盐调食。
〔明〕鲍山《野菜博录》（节选）

小叶青冈
Cyclobalanopsis myrsinifolia
壳斗科/青冈属

槲 树

Quercus dentata

壳斗科 / 栎属

晨起动征铎，客行悲故乡。鸡声茅店月，人迹板桥霜。
槲叶落山路，枳花明驿墙。因思杜陵梦，凫雁满回塘。

〔唐〕温庭筠《商山早行》

幼时，曾在学校周边的小树林里捡拾过"橡子"，去除外壳后，在坚果底端插入木签，拧动木签，小小坚果就成了一个纯天然的陀螺。现在想起来，既然橡子只是泛指壳斗科植物，那么，那枚自然赐予的童年玩具，追思其叶形，恐怕实际上是属于槲树的一粒果实。

不过，栎属植物向来是橡树军团的主力成员，说槲树果是橡子也算名副其实。槲树果实在儿童手里是玩具，到了成年人的世界里，就成了佳肴食材，比如橡子凉粉。

在古文经卷里，一堆汉字如橡、栎、栩、柞、杼、槲、枹等，极尽纠缠之能事，古之文人虽努力想要将一众结着果斗的树木区分清楚，终不免归于徒劳，往往只能写下"栎曰橡，亦曰槲……南土多槲，北土多栎"这样含糊其词的文字。既然分不清，倒不如像民间百姓般简单粗暴，但凡见到不认识的带着壳斗的坚果，均一股脑儿称之为橡子。

其实，在栎属甚至壳斗科植物中，槲树算是相对容易识别的一种。毕竟它大叶阔长，且带有美丽蜿蜒的波浪边，在众栎中很是出众。中国人端午吃粽子，而日本人改用新历后，在五月五日吃"柏饼"。所谓柏饼，实际上是用槲树嫩叶包上日本年糕之类的点心。至于为何是柏饼而非槲饼，乃因槲树在日文里虽然也可写作"槲"或"栢"，但其常用日文名却是"柏"。

槲叶当食器也非日本独创，在中国，粽子叶本来就因地取材，五花八门，其中也有一枚叫槲叶。大部分槲叶可能都被拿去喂了蚕，史书载"贞观十三年野蚕食槲叶，成茧大如柰"，后来野蚕就被称作柞蚕，蚕丝则为柞蚕丝。其实柞蚕和人类一样不挑食，除了槲叶，许多树叶它也来者不拒。

93

谷口松泉相和鸣，山蹊诘曲少人登。

苦槠一树猿偷尽，懊杀庵居老病僧。

〔宋〕释文珦《谷中》

完全不像植物名字的锥属，其属名词 *Castanopsis* 由 Castanea（意为栗属）和 opsis（意为相似）组成，由此可知，锥属植物的果实，与栗属植物长得十分相像，许多品种外壳上也遍生尖刺。脱除外壳后的锥属坚果，尤其是苦槠，则如同小号板栗，或因如此，锥属一度也被称为锥栗属。

实则，自古以来，许多锥属植物如苦槠、甜槠和米槠，其种子都如同板栗一般，可供食用。旧时，诸槠种仁皆是救荒食粮，"子圆褐而有尖，大如菩提子。内仁如杏仁，生食苦涩，煮，炒乃带甘，亦可磨粉"，既宜炒食，亦宜制成粉食。是以，"苦槠一树猿偷尽，懊杀庵居老病僧"，苦槠果实若被猴儿摘光，连和尚也会写首诗来表达懊恼之情的。

时至今日，可供食用的苦槠等锥属果实，依旧被人类采拾享用。苦槠种仁磨成淀粉后制成的苦槠豆腐，仍是许多地区的桌上佳肴。而苦槠凉粉这样的甜点或炒苦槠子，也是民间时或有之的小食。

锥属植物常于初夏开花，满树雪白的穗状雄花漫生于树冠之上，虽然并不美丽，却开得铺枝盖叶，极具气势，宛如朵朵烟花迸裂，点缀得一树白烟轻雾。花繁则香浓，只是锥类之香未必人人都消受得起，嫌臭者大有人在。虽然锥属雌雄花序均与栗属类似，但叶子的性情却大为不同，栗属之叶应四时流转而萌生凋零，锥属却是常绿乔木，叶片经冬不凋。其实，区分锥与栗倒是容易，区分壳斗科的锥属、青冈属、柯属等众木，才是自然界给出的更大难题。

长果锥
Castanopsis sieboldii
壳斗科 / 锥属

95

何木堪接骨

接骨木的中文名直接指向了它作为中药药材的主要功能：折伤，续筋骨，除风痹、龋齿。能治跌打损伤可能为真，但能接骨却可能仅是中医以形补形理念的夸大之辞，因为接骨木嫩枝中空，内中茎髓类似人类骨髓。它有个同属兄弟也有类似药效，名字也一样简单明了，称为接骨草（*Sambucus javanica*）。古医书说接骨木又名"木蒴藋"，乃因接骨草的别名就是"蒴藋"。

同科同属的接骨木与接骨草，长得十分近似，除了前者为木本，后者为草本或半灌木之外，叶花果均仅仅略有小异，若同处童年幼苗期，非专业人士肯定很难区分两者。

尽管在中国只是寻常药材，到了西方世界，接骨木却摇身一变，和妖魔鬼怪发生了牵扯。在一些地区，它被认为能抵御邪恶，保护人们免受女巫的伤害。这种观念延伸到了文学世界，就化成了哈利·波特手中的接骨木魔杖。

在新的植物学分类将接骨木划归五福花科前，接骨木原

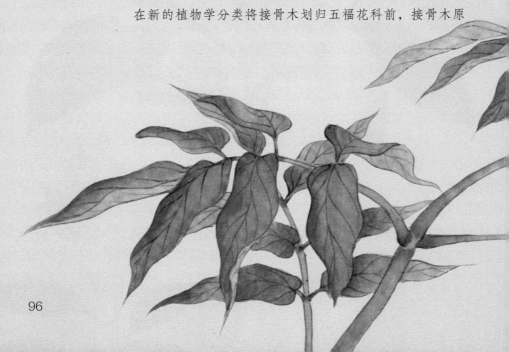

属于忍冬科，与金银忍冬一样，会结出经冬不落的美丽红果。别名"扦扦活"的接骨木，易活快长，很快就能由一根扦插枝条变成碧叶繁茂的一丛，加上圆锥花序顶生于枝头，繁花期白花漫雪，秋冬果熟后则赤果串珠，翠叶白花丹实，很是养眼，故而也是园林常用的绿篱灌木。

　　只是，对于一些都市人来说，接骨木不是树木，只是作为商品名时常出现的接骨木花茶、接骨木眼胶、接骨木花蜜……

簇簇红葩间绿荄，

阳和闲暇不须催。

天教尔艳呈奇绝，

不与夭桃次第开。

〔清〕《古今图书集成·博物汇编·草木典》（节选）

接骨木

Sambucus williamsii

五福花科/接骨木属

枝悬吊钟花

日本人将杜鹃花称为"躑躅"，有人误以为花名为日本原创，其实躑躅原本就是杜鹃花的中国古名。因为吊钟花属归于杜鹃花科，顺理成章，吊钟花的日文名里也包括躑躅二字，白花宛如满天星子的台湾吊钟花（*Enkianthus perulatus*）被称为"灯台躑躅"，日本特产的布纹吊钟花（*Enkianthus campanulatus*）则为"更纱灯台躑躅"。

日文名中的灯台二字，是依形取名。在中国人看来，吊钟花属那一树或大或小或白或粉的花朵，不像灯台，反而宛似红灯垂坠，如同玉钟悬挂，所以不是唤它们为灯笼树，就是唤它们为吊钟花。每逢花期，因气候差异，自一月至五月，长江以南各省份的山野之中，渐次挂起满枝精致可爱的小小铃铛，风过处，那些"遍排处，枝悬个个"的玲珑花朵，似被清风叩响，在看花人心中荡起一串串花开的声音。

虽说吊钟花属只是个仅有十余种的小属，但个个都美丽出众。无论是花开洁白而钟口微微收拢的台湾吊钟花，抑或是花朵带着淡粉微赤条纹的灯笼树，都是山林里动人的景致。

在华南，吊钟花开之际，正值春节前后，番禺人氏屈大均曾记述"吊钟花出鼎湖山……腊尽多卖于街，土人市以度岁"。不仅广州如此，早前吊钟花也是香港过年必备的年花，以至于原本盛产于香港山野的野生吊钟花，因采伐过度而稀少。如今在广深两地登山，偶也会见到"野花偏要采"的无行人士，肆无忌惮地抱着几枝吊钟花，让人不由担心：终有一日，这些美丽的吊钟花属植物，也会被盗采成稀有物种。

因别名与吊钟花相同或相似，有两种植物常被人们弄混，一是锦葵科的吊灯扶桑（*Hibiscus schizopetalus*），一是柳叶菜科的倒挂金钟（*Fuchsia hybrida*）。说起来，三者中还数吊钟花最名副其实，真正是宛如悬钟。

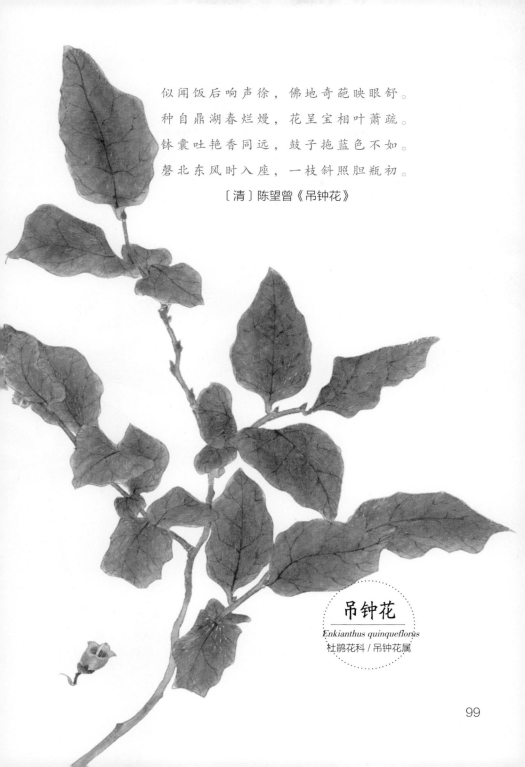

似闻饭后响声徐，佛地奇葩映眼舒。
种自鼎湖春烂熳，花呈宝相叶萧疏。
钵囊吐艳香同远，鼓子拖蓝色不如。
磬北东风时入座，一枝斜照胆瓶初。

〔清〕陈望曾《吊钟花》

吊钟花
Enkianthus quinqueflorus
杜鹃花科 / 吊钟花属

马醉木

Pieris japonica

杜鹃花科 / 马醉木属

作为吊钟花的远亲，马醉木也会在花期于树冠之上挂出一串串小铃铛，铃身鼓鼓，铃口微收，精巧别致，远望花白似雪。比吊钟花更为优越的是，马醉木如石榴一般光润碧绿的叶片，四季常青，即便不在花季，绿叶也能造就盎然生机。所以，吊钟花多见于山野，而马醉木作为园艺植物已进入寻常百姓家，花色也由原生的纯白变得多样化，深粉、浅赤、淡紫均有。

也有人说，马醉木的花朵更类似小巧的酒坛或酒壶，一枝总状花序上分出花枝数支，悬挂着累累玉壶，壶口整齐划一地向下，只不过，自花壶内倾泻而出的不是美酒，而是浓浓春意。纵然不是酒，也同样能令赏花人沉醉不已。

然而，马醉木之能醉马，并非因为花朵秀色可餐而令马儿如同爱花的人类一样忘情沉醉。实际上，如同醉鱼草能将鱼毒倒，马醉木的枝叶也含毒，马如果吃了叶片，会迷醉昏厥，软倒在地。

其实，中文名里的马醉木，极可能是日文名"馬醉木"的汉字逆向输入。在古代，或许"桾木"才是它的名字，虽然桾在古汉语里常与桂组合成桾桂，用于指肉桂，但"桾木生江东林箐间，树如石榴，叶细，高丈余，四月开花白如雪"这样的文字描述，就与马醉木特征相当吻合了。

当然，马醉木不仅能醉马，一样能毒人，只不过凡有理智之人大概不至于饥不择食到去嚼食马醉木枝叶。可是，若家有宠物，还是不要将马醉木带回家为妙，以免伤及无辜，致使狗醉猫迷，毕竟马醉木的叶片煎煮加工制成汁液后，是可以充当杀虫剂的。

桾木生江东

为客烹乌药

一如其名，乌药就是药。"乌药得香附则顺气"，古有一味乌药顺气散，它就是药方中主料。据记载，乌药能"治一切冷气"，"其功不可悉载，猫犬百病并可磨服"，就连猫狗生病，也能用乌药治之，所以它的别名之一为"猫药"。

实则，乌药的别名里不仅有猫还有鱼。长江流域河溪池塘内，长有一种野生小鱼，名为"鳑鲏"。或许古时生态环境好，乌药树与鳑鲏鱼都是常见之物，久而久之，古人越看越觉得一片片微圆而顶尖的乌药叶片宛如一尾尾鳑鲏鱼，于是，"其叶状似鳑鲏鲫鱼，故俗呼为鳑鲏树"。

如果不知道鳑鲏树是乌药的别名倒还罢了，一旦知道后，再看乌药树叶，还真会觉得叶子浑似一尾尾游上枝头的绿色鳑鲏。尤其乌药幼叶初生时，密被棕褐柔毛，更显可爱。随后茸毛消退，革质青叶渐呈光泽，春天花开时，一树碧绿衬着团团鹅黄花朵，清新淡然。

乌药叶也可泡作茶饮。明人袁宏道诗云"为客烹乌药，教人悟白髭"，烹的也许不是药汁而是茶水。比他早生一百多年的徐贯也曾写道："渴欲饮，去茶山已远，无可采者，乃摘乌药树叶沦水啜之。"清人屈大均《广东新语》里也有"有乌药茶，以乌药嫩叶为之，能补中益气"的记载。

乌药东渡日本之后，被称为"天台乌薬"。其实乌药既生江南也生岭南，虽然原籍厦门的北宋人苏颂说"以天台者为胜"，但他人也有"比之洪州、衡州者，天台香味为劣，入药功效亦不及"的反对意见。在凡物都爱打造一个商品故事的今天，因为有"刘晨、阮肇共入天台取谷皮"而遇仙的典故，为给天台乌药造势，世人便将刘阮所采之药附会成乌药。其实，刘阮故事本就是子虚乌有的文学创作，入天台山取的是谷皮还是乌药，于乌药之功效都无益亦无损，不必较真。

石桥不得往，乌药不寄来。

空令图画里，指点说天台。

〔宋〕晁说之《然公发人自天台来不以乌药见寄》

乌 药

Lindera aggregata

樟科 / 山胡椒属

楤木鹊不踏

人类文明进化近万年，采摘仍是现代人未泯的自然天性。纵使物质丰足，每逢春来，野陌上、山林间，总会有掐草摘叶的人。江南三月，正是抢食椿芽的季节，长竹竿头绑一把镰刀，刀起芽落，高树之巅的新生嫩椿芽就化成了餐桌上的香椿炒鸡蛋。

南方人吃椿芽，北国人也不寂寞。有一种清新树芽也会在每年春天填补北方人民期待了一年的胃口，那就是五加科植物楤木。与温柔的香椿树不同，楤木遍体是刺，即使是新生嫩芽，也有软刺生在叶梗之上。然而，因时而食的野蔬因为年年都只是昙花一现，短短十天半月后就不堪入口，纵使有刺，也挡不住人类对那一口楤芽滋味积存了一年的念想。这种俗称为"刺龙芽"的食材，年年春天都会成为餐桌上短暂现身的珍味。

喜食楤木嫩芽的并非只有中国人，近邻日韩两国均有此好。日本电影《小森林》里，楤木芽天妇罗就是其中一道菜肴。而在韩国综艺《林中小屋》里，楤木芽也是参演明星找到的食材之一。

日韩两国与东北三省采食的楤木芽，多为又名辽东楤木的楤木（*Aralia elata*），但中国南方并非没有楤木属植物生长。《本草纲目》里说楤木"生江南山谷，高丈余，直上无枝，茎上有刺，山人折取头茹食，谓之吻头"。黄毛楤木（*Aralia chinensis*）在中国分布最广，大部分省份都有野生。

楤木不仅刺多，而且树干直上鲜少分枝，鸟雀欲栖也无从栖息，所以别称为"鹊不踏"。纵然鹊不踏，人类仍要采之食之，只愿人类采食新芽之时，懂得适可而止，为野楤木留下足够的春芽，让它们在枝头静静长大。

楤木，今山中亦有之，树顶丛生叶，

山人采食，谓之鹊不踏，以其多刺而无枝故也。

〔明〕李时珍《本草纲目》（节选）

楤 木

Aralia elata

五加科／楤木属

棕榈

Trachycarpus fortunei

棕榈科 / 棕榈属

碧玉轮张万叶阴，一皮一节笋抽金。

胚成黄穗如鱼子，朵作珠花出树心。

蜜渍可驰千里远，种收不待早春深。

蜀人事佛营精馔，遗得坡仙食木吟。

〔宋〕董嗣杲《棕榈花》

青青棕榈树

　　冯梦龙的《古今谭概》里有则"仙对"小故事，说江西提学出一上联"风摆棕榈，千手佛摇折叠扇"，众书生无人能对，扶乩请鸾仙后，才得到下联"霜凋荷叶，独脚鬼戴逍遥巾"。棕榈未长成之时，主干尚矮，风过处，确实宛如千佛摇扇。但到长成之后，树干无枝直上，迥耸出云，又何尝不像一只高个的独脚鬼？

　　在人们的一贯印象中，棕榈似乎总出现于南国热带。一排高上云天的椰树边上，总有两三棵青青棕榈树直立于碧海岸边，扇形大叶如轮铺开，叶叶蔽日，为旅人洒下疏落清荫。棕榈的确耐热，但这并不意味着它畏寒。早在古时，它就已经"棕榈川广甚多，今江南亦种之"。当然，棕榈科两千余种，绝大多数还是更适合生长在热带和亚热带地区。

　　棕榈不仅是绿植佳选，还有其他多种用途：可剥其皮为棕衣，"牧童冒雨紫棕衣"；取其叶制拂尘，"以棕榈树叶，擘作细丝，下连叶柄，即可手执。夏月把玩，以逐蚊蚋"；食其花以为馔，老饕苏东坡就写过《棕笋》诗，"赠君木鱼三百尾，中有鹅黄子鱼子"；就连现代人熟悉的床上用品棕垫，"榻子棕树影，馔带菊花苗"，古人也早就享受过。

　　虽说棕榈之用远不止上述几种，但并非所有耳熟能详的棕榈制产品都取自棕榈这一物种，有些来自泛指的棕榈科植物。只是对大多数人来说，区分棕榈科众生实在太难。到最后，无论叶如车盖还是叶如长羽，那些"攒叶于颠，蠹首披散"的棕榈科植物，都被统称为棕榈了。

榲桲为嘉果

古有果名为楑楂，此名在现代植物学中尚未被作为任何植物的正式中文名。它倒是两种植物共享的别名，一是木瓜，一是榲桲。楑楂之所以成为两者的别名，其实是个历史遗留问题，因为榲桲与楑楂究竟所指何物，古人考据来去，最终未能得到绝对肯定的答案。

不如抛却那些存在于旧纸墨之间的植物名实考据官司，按现代植物学科学而清晰的名物分类，去观赏那些以古老名字为名的植物。无论古之榲桲所指何种，今之榲桲的学名是 *Cydonia oblonga*，是蔷薇科榲桲属一属独种的植物，春天会和蔷薇科植物一起灿烂花开，盛放出或白或粉的五瓣花朵，朵朵单生，大于桃李杏花，宛若苹果花，而秋季果实成熟，会脱掉表皮的茸毛，挂出一树色泽金黄、气息芳香的梨形果实。

榲桲之名虽然古老，却并非中国土生土长之物，原产于中亚的它，经由人类旅行的脚步，散布到世界各地。尽管因为生食味道欠佳，中国人不太欣赏它的果实，总拿它充当远亲苹果或梨的嫁接砧木，但从公元前就开始栽培榲桲又喜好甜食的欧洲人却很懂得享用榲桲的美好滋味。这种英文名为 quince 的植物，名字时常出现在果酱或果冻里。最为礼遇榲桲的地区或数巴尔干半岛，当地若有婴儿出生，则植一棵榲桲以象征富饶、爱与生命。

曾有人考证《诗经·木瓜》中的木瓜、木桃、木李，他们认为这三者分别指现代植物学中的木瓜（*Chaenomeles sinensis*）、皱皮木瓜（*Chaenomeles speciosa*）和榲桲。考证是否正确且不谈，榲桲之花果的确与同科亲戚木瓜长得非常相似，故而无论古今中外，常被人混淆，就连木瓜的英文名，也是与榲桲相关联的 Chinese quince tree。

蔌藜已枯天马归，
嫩蜡笼黄霜冒干。
不比江南楂柚酸，
橐驼载与吴人看。

〔宋〕梅尧臣《得沙苑榅桲戏酬》

榅桲

Cydonia oblonga

蔷薇科 / 榅桲属

何彼襛矣，唐棣之华？曷不肃雍？王姬之车。

何彼襛矣，华如桃李？平王之孙，齐侯之子。

其钓维何？维丝伊缗。齐侯之子，平王之孙。

〔先秦〕《诗经·何彼襛矣》

唐 棣

Amelanchier sinica

蔷薇科 / 唐棣属

唐棣花开，五枚洁白花瓣
纤长轻盈，于南风中悠悠翻卷，
确有古诗里"风吹唐棣花，灼灼
翻哉翻"的情致。

110

唐棣是古名，《诗经》里面就已出现，但古书里的唐棣究竟是何种植物？是郁李、杜梨，抑或是其他植物？不过无论如何，今天只有 *Amelanchier* 的二十余种植物才是植物学里"唐棣"这个中文名的真正拥有者，不必妄想古名今木能对号入座，好好认清与自己同时代的唐棣之花就好。

原生于中国的唐棣属植物仅有两种，一是被称为 Chinese serviceberry 的唐棣（*Amelanchier sinica*），一是日文名为"采振木"的东亚唐棣（*Amelanchier asiatica*）。春末夏初的四五月间，唐棣花开，五枚洁白花瓣纤长轻盈，于南风中悠悠翻卷，确有古诗里"风吹唐棣花，灼灼翩哉翻"的情致。不管古今唐棣是否一致，今天一树白花如雪披离的唐棣，风姿嫣然，没有辜负承载了无数古诗词意象的唐棣之名。

尽管古植物考据难以得到确切的答案，但古人"扶栘木，生江南山谷。树大数十围，无风叶动，花反而后合。诗云唐棣之华，偏其反而是也"之说，今人似乎也引以为是，不仅中国自然标本馆将"扶栘"列为唐棣的别名，且日本博物学家毛利梅园所绘的唐棣图，旁书别名中也包含"扶栘"。可惜的是，"无风叶动，花反而后合"这样的植物特征描述实在太过模糊不清，终不能拿来与一树白花的唐棣相验证。扶栘是否就是唐棣？终究还是只能存疑。

唐棣会结出宛如累珠的浆果，因品种不同，大小和滋味亦有异。中国人鲜少食用唐棣，或因东亚唐棣果实细小不堪食用。但原生于美洲的一些唐棣品种却常被当地居民用来制作果酱或馅饼内馅。据说，从前的美洲原住民部落，不仅用唐棣木制作箭杆，也用之制成战衣，不知道木头战袍穿起来会不会太过沉重。

郁李匀丹砂

因为名字近似，棠棣、棣棠、唐棣、常棣这四个植物名，在缺乏植物学常识的古人笔下，诸木同行，难分你我。有因同音而写错别字，误将唐棣写成棠棣，或为平仄需要随意变更字序，棣棠变棠棣，导致古人为区分四者伤透脑筋。

所幸，旧账不必翻，且看今朝草木新。不管古名所指何物，在现代植物学中，唐棣指花色洁白的 *Amelanchier sinica*，棣棠加上了一个"花"字，为棣棠花，成为花开金黄的 *Kerria japonica* 的正式中文名，只有棠棣和常棣未成为任何植物的官名。古人名物误认的流毒仍在，至今，棠棣仍是山楂、杜梨、唐棣、短柄扁担杆等一堆植物的别名，混乱无比。

至于常棣，古人一度得出结论，认为《小雅》里"常棣之华，鄂不韡韡"即为郁李，此说是否正确，尚只能存疑。实则，现代人赏郁李，最大的迷惑点不是常棣、郁李是否一体异名，而是郁李与麦李（*Prunus glandulosa*）两种植物实在难以分辨，毕竟它们同样都是高不过两米的小小灌木，树虽小而花繁美，单瓣五出，重瓣婀娜，花色有白有粉，枝条纤柔，披针长叶，一眼看去，似乎一模一样。

日本人将麦李称为"庭樱"，将郁李称为"庭梅"，认为区别在于麦李重瓣而郁李单瓣，事实上两者都有单瓣和重瓣品种。据说，两者真正的细微差别在于郁李的花萼形同陀螺，而麦李花萼更类吊钟。

每当春到，百花齐放，桃也不羞李也不让，蔷薇科诸花木桃杏李梨樱等，众芳竞艳。在世人眼中，这些茜瓣凝露、白英晕春、粉脸匀丹的花朵，看来看去都是长得一个样的美丽春花。

花县逢春对晓晖，朱朱白白缀繁枝。

梅先菊后何须较，好似人生各有时。

〔宋〕赵抃《次韵郁李花》

113

霜霰不凋色，两株交石坛。未秋红实浅，经夏绿阴寒。

露重蝉鸣急，风多鸟宿难。何如西禁柳，晴舞玉阑干。

〔唐〕许浑《洞灵观冬青》

大叶冬青

Ilex latifolia

冬青科 / 冬青属

金庸小说《天龙八部》写少林寺七十二绝技之一为"多罗叶指"，多罗为梵文 Pattra 的译音，也被译为"贝多罗"。传说，多罗叶被用来写佛经，玄奘曾在《大唐西域记》里记载："城北不远有多罗树林……其叶长广，其色光润，诸国书写，莫不采用。"

在日本，大叶冬青被称为"多罗叶"，原因在于：大叶冬青叶背如受损伤，就会变黑。利用这一点，在叶背刻字，就会留下清晰可见的文字，日本人往昔甚至别出心裁地以之充当明信片。正因能够书写这一个共性，大叶冬青在日本就变成了"多罗叶"。而在凡草木都要试下能不能吃喝的中国，大叶冬青就摇身一变成了"苦丁茶"。

拥有四百余名成员的冬青属是个大属。普通人估计往往只能分成两种：叶片带刺状锯齿的和无刺的。在地处长江中下游的我的故乡，冬青属植物随处可见，乡人不分青红皂白，将这种全年叶色青翠葱茏的植物一概称为"冻青树"。冻青之称，古亦有之，"冬月青翠，故名冬青，江东人呼为冻青"。

女贞与冬青也易弄混，连李时珍都说出"冻青亦女贞别种也"这样的傻话。不过，他终归是本草大家，总算还知道两者有别，"以叶微圆而子赤者为冻青，叶长而子黑者为女贞"。只能说在植物学未创立的时代里，人类辨草认木犹如在黑暗中探索，时不时堕入迷雾。

冬青属诸木，大多叶绿如碧，细花似雪，花香浓郁，常惹得蜂乱蝶忙。但一如所有赤果如珠的植物，冬青们的至美时光当数隆冬，其时，绿叶仍茂，红果似珠，若白雪覆枝，红绿两色格外鲜明醒目，艳丽胜过春花，前人诗句说它"苜蓿斋前万年树，最宜葱茜雪中看"，赞得极是。

冬青花堆雪

柊树乃刺桂

　　叶形多变的柊树，并非每一枚都会长成一个样子，幼年小树往往多刺，成年植株却叶片平整。那些平整的全缘叶片长着宛如桂叶的卵长形状，仅叶缘微带锋利锯齿，那些锋芒毕露的幼树叶片则似乎梦想着波浪起伏的人生，叶缘时凹时凸。无论长成什么模样，柊树叶子往往既硬又带着刀片般的刺齿，总扎得人嚷痛。

　　在日本，柊树是二月立春前一天的节分日常用的重要植物。因为日本人相信柊树的尖刺能够驱鬼，又称它为"鬼の目突"，不仅庭院多植，且节分日有将柊树枝叶竖立或悬挂于门前以驱邪的习俗。更讲究的，旁边还放一把大豆豆秸，希冀借柊刺与嘎嘎作响豆秸的双重作用将恶鬼吓得落荒而逃。

　　实际上，日本许多风俗都能在中国古书里找到源头或影子。清朝《古今图书集成》里也记载过"松江府"的类似风俗："除日，檐间遍插柏叶冬青，先期取松柴……以麻秸豆其实而爆之……邻互擎炒豆，相逆金掬而交纳之，且餐且祈曰：凑投凑投。"时间点切换成了除夕，而檐间所插换成了柏与冬青。

　　边缘多裂的柊树叶，常被误认为枸骨。其实，常作为春节插花或盆栽的枸骨，拥有丹红绚烂的球形朱果，柊树果实则不然，椭圆形，紫黑色，姿容不如枸骨。有人见过它簇生于叶腋间芬芳沁人的四瓣小花后，又将其误认为桂花。

　　其实这不算大错，因为它们是同科同属的近亲，所以柊树又有别名为刺桂。如果不是四季花开的四季桂品种，桂花一般在十月花开最盛，但柊树一如其名中那个冬之木，冬季才是花期，要在十一月和十二月间才肯凌寒堆雪逸香。桂花花色以嫩金淡黄居多，柊花却莹白如雪，或因盛花时天气冷冽，较之桂花的甜香馥郁，柊花更清雅怡人。

柊 树

Osmanthus heterophyllus

木樨科 / 木樨属

自柊叶之间，花朵流溢而出。

［日］高浜虚子《麦李诗》（节选）

117

风吹黄檗叶

唐朝有个高僧黄檗禅师，曾写过一首诗，中有一句被后世改头换面变成歌词，唱得人尽皆知，即"不经一番寒彻骨，怎得梅花扑鼻香"。纵使今日之人已对黄檗禅师知之甚少，但古诗词里的黄檗二字，十之八九都借着高僧事迹的典故，暗含禅机，而不是指植物黄檗。今日仍有售的黄檗茶，也因产地是黄檗禅师当年修行之黄檗山而得名，而非采自黄檗树上之茶。

植物的种加词里常会出现 *amurense* 这个意指"阿穆尔河"的词，阿穆尔河其实即中国的黑龙江。换言之，凡拉丁学名中带这个词的植物，常见于黑龙江流域，黄檗（*Phellodendron amurense*）也是如此。

在北国丛山之中，春日，沉睡了一冬的落叶乔木黄檗逐着暖阳，纵情生长，萌出一枚枚对生或近互生的羽状复叶。它于初夏在树冠最高处，开出淡黄绿色的圆锥花序，宛如在枝头张开一把

自从别欢后，叹音不绝响。

黄檗向春生，苦心随日长。

〔南北朝〕吴迈远《子夜四时歌》

把小伞，又于早秋挂起串串生时青熟后黑的半卵形果实，一任鸟雀吸食后将种子带向千丘万壑。

黄檗体壮高大，动辄长到一二十米，甚至有高达三十米者。其木质坚硬，可用作制造家具，它的树皮也可作为中药药材。故而，由古至今，伐木丁丁，不曾止歇。野生黄檗终于被采伐成濒危物种，登上了国家保护植物清单。

或因檗、柏音近而误写，黄檗亦被称为黄柏。黄檗之黄，应因剥取的内皮呈鲜黄色而得来。中草药味苦者居多，或因与黄连有一字相同，黄檗入诗，似乎也总绕不开一个苦字，"黄檗郁成林，当奈苦心多"。如果黄檗随日长的年轮均是一圈圈苦心，那么身为远古孑遗物种的黄檗，在地球上倒真是竖起了一树又一树高可齐天的苦楚。

黄 檗

Phellodendron amurense

芸香科 / 黄檗属

胡颓子生平林间，树高丈余，
冬不凋，叶阴白，冬花，
春熟最早，小儿食之当果。
又有一种大相似，
冬凋春实夏熟，
人呼为木半夏。
〔明〕李时珍《本草纲目》（节选）

胡颓子
Elaeagnus pungens
胡颓子科 / 胡颓子属

120

日本称木半夏（*Elaeagnus multiflora*）为"夏茱萸"，胡颓子（*Elaeagnus pungens*）为"苗代茱萸"，牛奶子（*Elaeagnus umbellata*）为"秋茱萸"。这明显是被胡颓子们酷似山茱萸的果色果形所迷惑，将它们与山茱萸混为一谈。

古时，胡颓子的别称很多，除了据说取自蛮语读音的"卢都子"外，其他别名基本上都是因果实特点而来，如因鸟雀喜食就唤为"雀儿酥"，因小果状如牛羊乳头而称为"黄婆奶"。虽说区分同属物种是件艰难的事，但胡颓子秋花春果，木半夏春花夏实，两者花果期迥然相异，倒是连古人都能将它们分得清楚明白。实际上，日文名里的苗代、夏、秋等字眼，也按它们各自的果实成熟期而命名，因为牛奶子在日本多成熟于早秋九月，而苗代是秧田之意，春季秧田开始耕作之时，正是胡颓子果熟之际。

胡颓子属植物是一群辨识度相对较高的植物，它们最明显的外貌特征就是"斑点"。无论是春天结果的胡颓子，还是初夏果熟的木半夏，它们的花果之上常常都密布细细斑点，就连叶片和树枝上，也常覆盖着银色或褐色的鳞片麻点，让有密集恐惧症的人看了心中暗自发怵。

可是，人们又不得不承认这些长满雀斑的植物，它们的花朵却是分外俏皮可爱。那些如同丁香一样花冠四裂的小小白色花朵，于枝叶间探头探脑，轻巧地垂首向地，星星点点很是动人。而当一树长圆形的鲜艳红果挑上枝头，宛然如画，就很令人惊艳了。

尽管果实红彤彤的模样很诱人，但是胡颓子属植物的果实算不上可口。毕竟，如果滋味美好的话，聪明的祖先应该早就将它们驯化为栽培水果了。

種漆擬作器

即使是今天，去到乡下人家，在七旬左右或更高龄老奶奶的居室，偶尔也能看到她出嫁时的漆绘旧家具：旧式的衣柜，对开的柜门上用取自漆树的天然漆绘着传统的梅兰竹菊图案，在岁月侵蚀下，虽已见斑驳，但色泽犹自分明。

在英语里，china 意指瓷器，而 japan 意指漆器。虽说在西方人的观念里，将漆器制作工艺归属于日本，其实中日两国人都知道，这门日本手艺的背后，怎会没有中国工艺的影子。毕竟中国是拥有《髹饰录》这样的漆艺专著的漆器大国。

只是最终，漆器在日本成了普通人家惯用的器具，而在中国却成了远离日常生活的工艺品。

中国采漆为用由来已久，《诗经》句"树之榛栗，椅桐梓漆，爰伐琴瑟"，或已在描绘以漆饰琴故事。而《庄子》句"漆可用，故割之"则连采收方法都已言明。若非漆树过敏之人，则可安然地按古法"以斧斫其皮，开以竹筒承之汁，滴则成漆也"。漆树汁液遇空气则呈暗褐色，所以古人认为未经处理的生漆，

应"上等清漆色黑如曌"，越黑越好。当今日本漆器，常为朱黑两色，朱色实是后期再加工才获得的。

　　长于野林之中的漆树实不起眼，常见的卵长形羽状复叶，浅淡的黄绿碎花，小小的扁圆果实。只有在秋季，漆树一树红叶，绚丽直追枫槭，能有短暂的美丽风华。或许，它的不起眼对于那些漆树过敏的人来说，反而是一件好事，至少不会在不知情的情况下被它的美色撩得主动去亲近它，以致换回个肤烂皮肿的"毒辣之吻"。

天以晶华累尔形，
千夫敛锷可曾停。
世间有器蒙鲜泽，
林下无辜受割刑。
斫坏孙枝难老大，
摧残老干易凋零。
退思禹贡周征日，
未必如春税不征。
〔宋〕萧文山《漆树》

野 漆

Toxicodendron succedaneum

漆树科 / 漆树属

古木红豆杉

每年秋季，野果成熟，户外随处可见各色赤红深紫金黄的果子，不仅引得鸟雀兴奋叽喳，过往行人也经常拍一张图，在网络上咨询能不能吃。红豆杉的球形红果，也是极富吸引力的秋果之一。说起来，实也不能怪人类贪吃，以红豆杉果为例，外围那圈肉乎乎浆质假种皮，宛如玛瑙，晶莹剔透，红润可喜，令人见而生津。

四季常绿的红豆杉，植株秀美，小叶尖尖，红果如豆，如果作为庭院树木或盆栽盆景，能为居所营造一片自然绿意。所以，在野生红豆杉已成濒危珍稀保护物种的当下，园艺栽培的红豆杉越来越受欢迎，种植日广。也因如此，耐寒的东北红豆杉还出现了一个园艺变种叫作"矮紫杉"（*Taxus cuspidata* 'Nana'），因株形矮小，成为绿篱佳木。

很受欢迎的矮紫杉，有时也被写作枷罗木，这个名字应是源自其日文名"伽羅木"。而东北红豆杉的日文名为"一位"，一位是官阶，乃因古日本贵族官员所持之笏是用东北红豆杉木制成，故得此名，因此又别称为"笏の木"。作为长寿树木，动不动树龄数百年甚至上千年的红豆杉，虽不易长成，但木质细致而强韧，确实也是上佳木材，无怪乎会成为官笏用材。

雌雄异株的裸子植物红豆杉，属于一个小家庭，全属已知成员仅十余种。前些年一度名声大噪，乃因有研究表明从它们体内提取的紫杉醇能够合成抗癌药物。一些不良商家趁机炒作，拿出凡草木皆可以泡为茶饮那一套，整出红豆杉防癌保健茶之类的假冒伪劣商品，不仅误导民众，也给野生红豆杉带来了杀身之祸。红豆杉实则深具毒性，除却假种皮外，针叶都含毒，为了健康起见，还是不要胡喝乱饮为宜。

除了红豆杉上的红色浆果，

其他果子都是有毒的，包括其种子。

许多鸟，包括田鸫，都知道这一点，

只把红豆杉的浆果作为过冬的储备食物。

［英］马特·休厄尔《我们林地里的鸟》（节选）

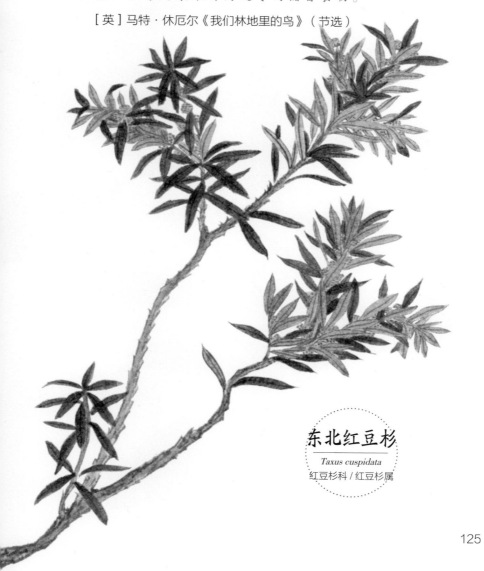

东北红豆杉

Taxus cuspidata

红豆杉科 / 红豆杉属

红淡树：叶如榕，木可作器。

基隆较多，有地曰红淡林。

〔近代〕连横《台湾通史》（节选）

红淡比
Cleyera japonica
五列木科 / 红淡比属

"榊"这个字，实际上并不见于中国的汉语字典，而是日本人自创的汉字。"榊"者，神之木也，在日本，"榊"（さかき）的枝叶作为供奉神灵用的玉串，常在神道教的神事祭仪中使用。而在中国，这一被子植物褪去神之光环，唯一特别之处，是它有点奇怪的中文名——红淡比。

然而，红淡比却是广布于长江以南各省区的野生物种，尤其以华南地区多见。无论平地山谷、低矮山冈还是千米高的小山，都是其宜生之处。

在日语里，"榊"除了专指红淡比，也泛指常绿树木。以"榊"为名的红淡比树，自然也是全年叶片浓绿，不过，它的初生新叶，却是粉嫩的颜色。如果只看那一树叶面光泽的长圆形全缘叶子，会误认为它是榕树。如若仔细观察，就会发现它并没有榕树的博大树冠，也没有丝丝缕缕垂下的气生根，反而树形高耸，直立俊挺。

平凡的红淡比，花朵也很平凡，夏五至七月间，白花黄蕊，五瓣细花，如小小的一盏盏清雅花灯潜藏于枝腋间，被丰茂的绿叶掩得几乎看不见。只有风起时催出的淡淡幽香，才能提醒路过的人们仰头去找寻它们正在绽放的青春花季。

红淡比和同科异属植物杨桐（*Adinandra millettii*）常被弄混，"毛药红淡比"是杨桐的别名之一。有人因此误认为杨桐在日本也被作为祭神之物。实则，日本人在确实无红淡比枝叶可用时，会采用替代物，但所用者并非杨桐，而是日文片假名为（ひさかき）的柃木（*Eurya japonica*），它的片假名比红淡比的多了一个字母。为何在中国名不见经传的红淡比在邻国却摇身一变为神树？这点小小的文化差异，细究起来，应该也会是一件很有意思的事。

神木红淡比

127

流蜜柃木花

在以红淡比枝叶作为献祭神物的日本，柃木因为长得与之相似，常在不产红淡比的地区被拿来作为替代品。二者差别在于：红淡比叶缘光滑平整，柃木叶却生有细细锯齿。

如同红淡比一般，柃属原本在山茶科，故民间有些地区将之称为油叶茶，但两者在新植物学分类中都被放入五列木科。多生于长江以南区域的数十种中国原生柃木属植物，均属于能于秋冬凌寒盛放的族群，自晚秋十一月起至次年二三月，柃属植物次第花开。柃木常于年初一二月开花，在正当花期时，它满枝莹莹小花，淡黄泛白，细碎如玉，虽无抢眼颜色，却有荡人心魂的浓烈芳香，因此也被称为野桂花。

柃木花虽小，但繁花期整株都是小小花蕾，流蜜缀粉，足够勤劳小蜜蜂们辛苦忙上一阵。据说，因为桂花没有蜜腺，不受蜜蜂待见，蜂不采而蝶不来，故世上根本没有真正的桂花蜂蜜，坊间所谓桂花蜜，都是如假包换的柃木蜜，商家略有点欺骗性地隐去了野桂花蜜那个野字，就成了富有误导性的桂花蜜。不过，即使有假冒桂花之嫌，相对稀有的柃木蜜，能凝成如酥酪一般乳白细腻的结晶，若有机缘得到，不妨一尝。

如果说柃木蜜是昆虫创造的美食，而利用柃木灰作为食用碱水制作粿子、粽子等糕点，则是聪明好吃的中国人的发明，只是此道菜式知之者甚少，吃过的人更少。柃木灰不仅可用于食物制作，在中国古代，柃木灰也是媒染剂之一。

柃木虽好，但人类往往有一种错觉，以为自然之物取之不尽、用之不竭，故而采集砍斫植物时，下手常不知节制，以致影响植物生长。衣食住行皆取诸自然，本为良习，若人类只知索取而不知养护，只怕越有用的植物从人类身边消失得越快。

枔，枔木也。从木，令声。

〔汉〕许慎《说文解字》（节选）

枔木
Eurya japonica
五列木科 / 枔属

129

北岭山矾取意开，轻风正用此时来。

平生习气难料理，爱著幽香未拟回。

〔宋〕黄庭坚《戏咏高节亭边山矾花二首·其一》

山矾

Symplocos sumuntia

山矾科 / 山矾属

山矾满路开

尽管"七里香"这个名字已被现代人用滥，但在古代，最先占有这个别名的，却是"常开二月，清芬七里"的"山矾"，宋人诗句赞它"七里香风远，山矾满路开"，虽属夸张，但亦非过誉。

然而，正如七里香一个佳名许配给了数种植物，草木不分的古人对山矾究竟是谁，有时也会混乱，故而也有"山矾一名海桐树，婆娑可观，花碎白而香"的说法。但海桐花开于春夏之际，而被列为二十四番花信风大寒三候之花的古之山矾，一向都是山矾花落春风起的"春风第一花"，所以山矾应该不是今之海桐。

山矾是总状花序，花开极繁，在大地犹自寂寞的冬春之交，一树青翠间，绽出无数玉花小朵，繁白如雪，冰姿婆娑，花中数蕊如璀璨星芒四散射出，末端如滴黄露似集金粟，细看风姿可人，远望则千枝晴雪。最出众处还是花气浓郁，轻风过处，幽香远送，实在是香杀行人。"二月山矾九月桂"，山矾与桂皆以香取胜，因这一共性，山矾也被称为春桂。无怪乎黄庭坚当年对它一见钟情，为之赋诗两首。

按黄庭坚诗序所言，就连山矾的命名专利也归他所有："江湖南野中有一种小白花，木高数尺，春开极香，野人号为郑花。王荆公尝欲求此花，栽而陋其名，予请名曰山矾。野人采郑花叶以染黄，必借矾而成色，故名山矾。"确如黄山谷所言，山矾叶烧制成灰，也是古代草木染常用的媒染剂。

自黄庭坚以降，后世文人对山矾颇多赞美。但今时今日，山矾反而鲜见于园林绿道，知其名者日稀。名花山矾，渐已成为幽深山野里寂寞开无主的野生花木了。

海滨木槿黄

其实，在木槿属里，海滨木槿是个略显尴尬的物种，因为和它同属的那些兄弟姐妹的名头都远盖过它。作为观赏花木，它那单纯的淡黄花色，根本无力与芳名远播的木槿（*Hibiscus syriacus*）和朱槿（*Hibiscus rosa-sinensis*）争艳。作为庭园树木，同样开黄花的黄槿（*Hibiscus tiliaceus*）更为枝繁叶茂，高大优美，且还是常绿乔木，令落叶小乔木海滨木槿只能矮矮地立于一旁自惭形秽。

可是，落叶自有落叶的好处，每逢秋至，海滨木槿的绿叶转黄，渐次染得一树丹赤，宛如满树小小朱色团扇在秋风中轻轻摇摆，纵不似枫槭般株高冠阔，俨然也有红叶之美。

更何况海滨木槿还吃苦耐劳脾气好，既耐贫瘠又无畏于海风劲吹，纵使是滨海地带的盐碱地上，也能长得郁郁葱葱，绝不辜负中文名中的海滨二字，就连日文名也将代表海滨的浜字纳入名中，称为"浜朴"。是以近些年来，在沿海城市常能见到它的身姿，只不过能正确叫出它姓名的人较少，一般人都会误认为它是黄槿。

实际上，若细看也是能区分这两者的。海滨木槿花朵更大，钟意单朵生于枝端叶腋间，而黄槿花朵略小，常数花聚集而开。

在日本江户时代的《梅园百花画谱》里，海滨木槿图旁，标注其别称为"金木兰"。索诸中国古籍，会发现这样的文字："佛桑，有五色，其纯白而英间无紫点者，名为舜英，淡黄者俗名金木兰。"佛桑是朱槿的别名，或者，被古人当作佛桑一种的金木兰，便是今之海滨木槿。

春叶青葱、夏花流金、秋叶红艳，在海岸线畔，海滨木槿，自有它无人知晓也独自美丽的多彩四季。

佛桑，有五色，其纯白而英间无紫点者，

名为舜英，淡黄者俗名金木兰。

〔清〕《古今图书集成·方舆汇编·职方典》（节选）

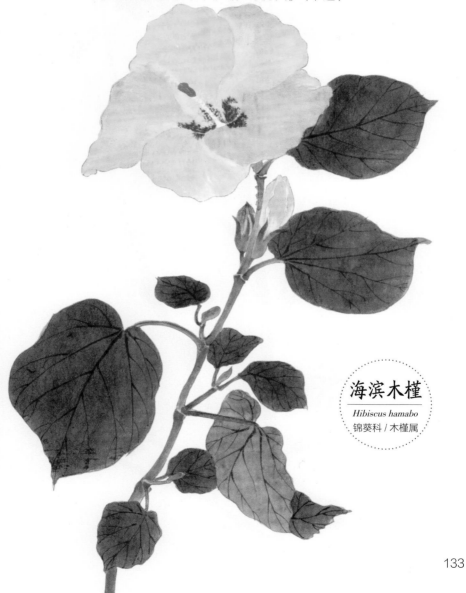

海滨木槿

Hibiscus hamabo

锦葵科 / 木槿属

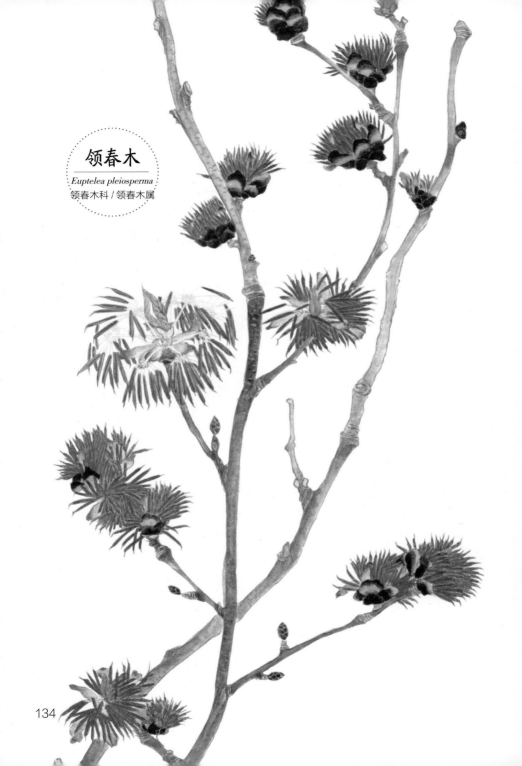

领春木

Euptelea pleiosperma

领春木科 / 领春木属

134

领春木是第三纪孑遗植物，虽与银杏、珙桐同属古老珍稀树种，它的知名度却远不如后两者。如果想要去欣赏它春枝垂红的盛花模样，只怕还得特意跑一趟植物园。

领春木科是个小得不能再小的科，"树"丁稀少，仅有领春木属一属两种而已，且都生长于亚洲。一种产于中国和印度，是为领春木（*Euptelea pleiospermum*），另一种原生于日本，即日本领春木（*Euptelea polyandra*）。

虽名为领春，但领春花开并不算早。春四月间，中国野外山林里，领春木棕灰或紫黑色的树枝上，嫩叶未萌而春花先放，温柔地挂出一朵朵花药长于花丝的小小花朵，自花梗开始，花色由浅红逐渐加深，乍看去，如同枝上挂出了一袭袭渐变色的红色流苏舞裙。

花尚未全谢，赤色叶芽萌出，青绿新叶渐展，纸质卵形的叶子，叶面纹路宛然，叶缘密生锯齿，叶形精巧，如果入画也颇为美观。很快，别具特色的青色翅果挂上枝头，有人说领春木果实长得好似关云长的青龙偃月刀，若有机缘遇到它，不妨亲眼验证一下。等到秋已渐深，夏末由青变褐的翅果早已乘风飞向广阔大地，这种高度在两米至十几米间徘徊的落叶灌木或小乔木，有时也会幻变出一树秋色动人的红叶，不仅能够领春，同样也能引领一番林野秋意。

在人类不断侵山占林，自然植被屡受摧残的当下，原本在中国多个省域广泛生长的野生领春木，也开始遭遇生存危机，历经自然环境变化孑遗于世的领春木如今更显孑然。也许，只有等到人类更懂得珍惜和爱护它，广泛种植领春木的那一天，领春之名，才能如迎春一般知名于世吧。

孑遗领春木

南天竹子丹

　　常绿灌木南天竹的叶子颜色，并非四季一成不变的青翠。随物候流转，光照与气温相异，它的叶色也会变化。若是过于寒冷，秋冬时节它的绿叶将转为红色。所谓常绿，不过是说它的叶片并不似落叶树木那般年年凋零于秋风中而已。

　　在万象更新的初春，南天竹树枝上天天上演着新芽旧叶的交替盛会。新叶黄绿泛红，老叶或赤或黄，壮叶犹自翠绿，红黄绿三色同时登场，衬着经冬犹未落尽的累累朱实，好不繁华热闹。等到赤果落尽，长江流域的夏季到来，五六月间，就是南天竹点点白花云集于直立圆锥花序之上，在绿叶间摇荡夏风的好时光。

　　古时，因竹、竺、烛三字音近，南天竹也常被写作南天竺、南天烛，或简称为南烛、天竹。诚如陆游诗句"安石榴房初小坼，南天竺子亦微丹"，自古以来，南天竹就是长江中下游地区居民喜种的植物。时至今日，去到江南，无论是家宅庭院内，还是城市绿化带，都能轻易发现南天竹的身影。南天竹在不同季节里演绎着韵致不同的美丽树色，而它最美的时刻，当为冬日堆雪之际，那累累朱实，映衬着茫茫白雪，惹人爱怜。

　　既然爱之，则着意培育之。于是，

花朵并不美艳的南天竹也拥有了不少园艺变种：爱观叶的，有全年叶色皆红者可选，叶形亦分圆叶或细叶不等；爱赏果的，既有常见的赤实，也有罕见的白果或紫果，可以凭喜好挑选果色。

因南、难同音，深受汉语文化影响的日本人，也利用南天竹玩起了谐音游戏。日本人爱在新年正月，将日文名为"南天"的南天竹与日文名为"福寿草"的侧金盏花搭配作为室内饰物，以祈愿处处都能转灾难为福气。除此之外，闻名于世的京都金阁寺，其茶室内立于壁龛和层架之间的床柱，也用南天竹木制成。对南天竹的化难之力，日本人称得上是"迷信"了。

花发朱明雨后天，结成红颗更轻圆。

人间热恼谁医得，正要清香净业缘

〔宋〕杨巽斋《南天竺花》

南天竹
Nandina domestica
小檗科 / 南天竹属

卫矛
Euonymus alatus
卫矛科 / 卫矛属

鬼箭生山石间，小株成丛。春长嫩条，

条上四面有羽如箭羽，视之若三羽尔。

青叶状似野茶，对生，味酸涩。

三四月开碎花，黄绿色。结实大如冬青子。

〔明〕李时珍《本草纲目》（节选）

冬青卫矛
Euonymus japonicus
卫矛科 / 卫矛属

卫矛之名，不像植物名，而似武器名，自带兵戈之气，其别名为"鬼箭"或"鬼箭羽"。初次听说卫矛之名，往往会对名字百思不得其解，若听听古人的解释，再观察一下卫矛的形状，也许疑惑就会迎刃而解。

对于卫矛，古人如此释名："干有直羽，如箭羽矛刃自卫之状，故名。"恰似古人所言，如果细看卫矛，尤其是栓翅卫矛，就会发现它们的枝干之上生有如"直羽"般的四条宽木栓翅，确实有如古之箭羽，也因为四棱翅片，故而卫矛又有"四棱树"和"四面刀"之类的别名。

并不是所有的卫矛属植物，都拥有这四条如刀栓翅，但是它们通常都拥有直径仅几毫米的四瓣小花，花色素淡，常为白绿或黄绿色，偶尔会有稍显艳丽的紫红花朵。那些需要凑近了细看的花朵虽然也很小巧可爱，终归不够灿烂。反倒是果熟之时，球形或倒锥状的淡粉色蒴果果皮裂开，吐出一粒粒外皮鲜红的种子，更为绚丽醒目。

木丁兴旺的大家族卫矛属，拥有两百余种植物，但卫矛的大名，知道的人并不多。冬青卫矛是卫矛属普及率最高的绿化树，这个混合型的官名或许已经暴露了卫矛知名度低的尴尬事实。将冬青卫矛视为知名度更高的冬青者，更是大有人在。此外，有些人爱用的冬青卫矛之旧称"大叶黄杨"，早就成为异科黄杨属植物 *Buxus megistophylla* 的正式中文名，不宜再称冬青卫矛为大叶黄杨。

名字宛如七十二般武器之一的卫矛，虽然名列于各类古代本草医书之中，但并非常用药材，虽说名曾见于书卷，终究仍属寂寂无名之木。也许只有等到现代人都能正确叫出楼下那丛"冬青卫矛"名字的那一天，才是卫矛之名众所周知之时。

何如树卫矛

黄荆樵斧归

在中国汉字里，"荆"代表着贫寒与朴素。谦称自己的妻子，是"寒荆"与"荆妻"。贫家女子的打扮是布裙荆钗。但最为人所知的荆，或许就是廉颇前往蔺相如家中请罪时所背负的那一捆荆条。然而，负荆请罪里的"荆"是来自荆棘灌木丛中的随意一种多刺小杂木呢，还是利用牡荆属植物黄荆制成的荆条刑具？也许，后者更有可能是正确答案。

除却东北，自华北以南诸省的田野之上几乎都生长着黄荆和它的变种，掌状复叶繁茂浓绿，紫色花序纤长清雅，春夏花期蜂缠蝶绕，分明是极具亲和力的存在。令人无从想象究竟是它的哪一种属性，使它成为制作刑具的首选之物。

或者，正是因为它随处皆有，易采可得，才成了随时执刑的刑具。也正因随处皆有、平凡普通，所以成了贫寒和自谦的代表。按《说文解字》的解释"荆，楚木也"，荆楚本是一木之二名，而在长江流域，荆楚已经不只是一种植物，荆楚并用，还成了黄荆遍生的荆楚大地的代称。

黄荆、牡荆和荆条，在现代植物学里是三种植物的正式中文名，在民间称呼里，它们却完全混为一谈。黄荆五片小叶多为全缘，偶有微量锯齿，牡荆与荆条则叶缘多锯齿，但牡荆叶片两面皆绿，荆条却叶背呈灰白色。在蜂农看来，这三种植物，甚至牡荆属的所有植物并无差别，自它们淡紫花朵上采集花粉酿成的琥珀色蜂蜜，被统一授予了荆条蜜之名。

"扬之水，不流束楚"，《诗经》里的那一束楚，自古至今一直在华夏土地上流连。只是，随着土地开发，黄荆的生长地界越来越窄，田间陌上繁花满树的淡紫荆条花已不再处处都是，而是东一株西一棵开得稀稀拉拉。现如今，廉颇若要在原野上现找一根荆条，估计得花上不少时间。

本草有牡荆，实一名小荆，

实俗名黄荆……

开花作穗花色粉红，

微带紫，结实大如黍粒。

〔明〕徐光启《农政全书》（节选）

黄 荆

Vitex negundo

唇形科 / 牡荆属

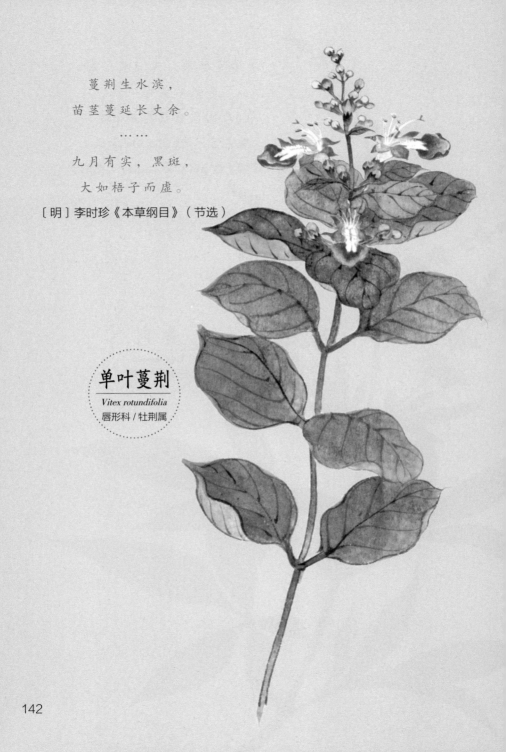

蔓荆生水滨,

苗茎蔓延长丈余。

……

九月有实,黑斑,

大如梧子而虚。

〔明〕李时珍《本草纲目》(节选)

单叶蔓荆
Vitex rotundifolia
唇形科 / 牡荆属

单叶蔓荆与黄荆，虽同为牡荆属，长得却不相似，其碧翠光泽的单叶对比黄荆那纸质无光的掌状复叶，甚至可说截然不同。

　　虽说两者差异明显，但经常为植物名字所惑而致张冠李戴的古代人，依旧会在一堆带荆字的植物中堕入名物匹配迷雾中。好在，也有明眼人能观察到二者差异，做出"其枝小弱如蔓故名蔓荆"的正确论断。

　　主持编撰《唐本草》的唐人苏恭在书里记述"蔓荆生水滨，苗茎蔓延长丈余，春因旧枝而生小叶，五月叶成似杏叶，六月有花，红白色，黄蕊"，除了花色红白这一点或因古人红紫不分导致有欠准确外，此段描述与单叶蔓荆的植物形态特征基本一致。

　　喜生于水滨的单叶蔓荆，在滨海城市的海岸沙地上，常常出没。若去到海滨城市并留意观察，一定能在沙地上看到丛生的单叶蔓荆。不过，它并不是非住在海滨不可，在内陆城市的一些湖畔，也会有野生的单叶蔓荆在那里欣然定居。或因它喜生于海滨或湖畔，故而其日文名又称为"浜香""浜栲"，简单直接地以满是水气的"浜"字入名。

　　现代人看它只是绿植，古代人看它却是药材。单叶蔓荆和蔓荆（*Vitex trifolia*）的种子入药，即为蔓荆子。

　　提到蔓荆，确也不能怪古人分不清植物，因为正如陶弘景说的"蔓荆树亦高大也"，单叶蔓荆虽然钟爱趴在海滨沙地上，生有三出复叶的蔓荆却无此癖好，甚至能长成高四五米的小乔木。所以，隋唐名医韩保升批评陶弘景"不惟不别蔓荆，亦不识牡荆，蔓荆蔓生，牡荆树生，理自明矣"，还是批评得太过武断，要知道，并非所有的蔓荆都会蔓生。

寒碧委蔓荆

海州常山茂

儿时读各种演义版本的三国故事，最爱看白袍小将赵云出场，单枪匹马，英勇无比，来之际去之时，往往报上姓名：吾乃常山赵子龙也。常山是赵子龙的籍贯，至今仍是地名，只是今日浙江之常山已非三国之常山。

年长之后，见闻渐增，才知道原来常山不仅是地名，竟也是中药药材名字，"鄙性常山野，尤甘草舍中"中的药名常山即绣球花科植物常山（*Dichroa febrifuga*）的根。

然而，植物世界还有一种常山，是为唇形科大青属植物海州常山（*Clerodendrum trichotomum*）。据说，因为海州常山药性与常山相近，故讲求实用的中国人也按其功能以常山名之，前面加了个地域性的海州以示区分。

虽然有海州这个意味不明来源存疑的限定词，但海州常山在中国的生长范围并不仅限于某个特定地界，由北至南，山野之中均能见到它的身影。这种名字中既有海又有山的落叶灌木或小乔木，长得很是美丽，在七八月的盛花期，满树或白或粉的花朵堆积如云，排出一轮轮花冠细长、小小风车形花朵，衬着卵圆形的阔大绿叶，开得轰轰烈烈。

花期漫长的海州常山，在早秋时节往往仍会花开不断，即使花谢之后，也不减枝头之美，因为，它的花萼之艳丽并不输于花朵。在初蕾时呈淡雅绿白色的花萼，在花谢后反而渐变为鲜艳的紫红色，故而，当繁花已谢，深秋果熟时，一树萼果在梢，紫萼五棱，球果蓝紫，映着蓝天，衬着碧叶，反而较花期更为色彩缤纷。

美中不足的是，海州常山有着强烈气味，常被人们视为臭味，因此得别名"臭梧桐"，日本人更是毫不客气地呼之为"臭木"。

沿堤有木，其叶如桑，其华五出，

筒状而薄赤，有微香，碎之则臭，

殆海州常山类欤？

〔现代〕鲁迅《集外集拾遗补编·辛亥游录二》（节选）

海州常山

Clerodendrum trichotomum

唇形科 / 大青属

胡枝子

Lespedeza bicolor

豆科 / 胡枝子属

胡枝子，俗亦名随军茶，

生平泽中，有二种。

叶形有大小，大叶者类黑豆叶，

小叶者；茎类蓍草，

叶似苜蓿叶而长大。

花色有紫、白，结子如粟粒。

〔明〕朱橚《救荒本草》（节选）

汉语"萩"，在《说文解字》里释为"萩，萧也"，郭璞注《尔雅》时认为"即蒿"。这个在中文语境里本用于指蒿类植物的字，到了日本，却成了豆科植物胡枝子（*Lespedeza bicolor*）的日文名。

萩，从草从秋，从字面上看意指秋之草木，或许日本人就是基于这一点，将秋季九月里花开最盛的胡枝子命名为"萩"，并将它纳入"秋七草"之列。日本民俗，常惯于在秋季的满月之夜里，将同为秋七草之一的芒草与胡枝子搭配插花，供于几案之上，以赏一份自然秋色。就连秋分时节制作的传统点心，也被命名为"萩饼"。

胡枝子在中国则显得默默无闻，文士不咏诸笔墨，画家不绘诸丹青，仅在《救荒本草》和《农政全书》之类的古代科普书籍里有所提及。

不受国人青睐的胡枝子，并非罕见植物，由北至南，从东北、华北到长江流域甚至华南，都是它生长数千年的原乡，边坡路缘，常有它碧叶为衣、紫花为裳的身姿。默默无闻的胡枝子，也并非长相普通，虽然只是高两三米的小灌木，但自夏六月起至秋十月末，从零星数朵到满枝艳紫，它那翩然若飞的美丽蝶形花，总是能令人眼前一亮。就连绒毛胡枝子和中华胡枝子等花色洁白的物种，满枝花朵似白蝶展翅，也有一种清新淡然的秋意美。

朱橚在《救荒本草》里不仅提到胡枝子种子可以充为食粮，且"采嫩叶蒸，晒为茶煮，饮亦可"，或者以叶煮茶，正是"随军茶"别名之由来。然而，在物质丰足的年代，人们已经不再蒸制胡枝子叶为饮。不管人类看不看得见它，胡枝子，依旧年复一年地生于蓝天之下、黄土之上，花枝招展，紫绽秋光。

秋木胡枝子

衣沾天女花

在《维摩经》的佛教故事里，天女散花以试菩萨与众弟子之道行，花至菩萨身上即坠下，在弟子身上则不落。在"百年弹指法界观，万事过眼天女花"，"衣沾天女花难去，隙阅奔驹影易过"这样的句子中，天女花就无关自然花木，只是借指天女散花的典故。

有了天女散花的故事在前，再听到天女花这个名字，总觉得不太真实：天女花，更像是在文学作品中存在的虚拟植物。然而，天女花，的的确确是现实中存在的木兰科天女花属植物 *Oyama sieboldii* 的正式中文名。与它同属的，还有毛叶天女花、西康天女花、圆叶天女花。

实际上，纵然古诗词里的天女花多是佛经典故而非实指，天女花这个植物名却并非现代植物学者所起。在清雍正年间曾任云贵总督的鄂尔泰所监修的《云南通志》里，天女花已经作为一种植物而留名于书卷中："天女花，花似玉兰而白过之，暮春始开，香甚清远。"虽仅有短短十余字，但特征宛然，凭此已可判定：长于十八世纪云南境内的天女花，应为今日天女花属植物无疑。

早前，天女花曾经划归于木兰属，但这种别名为小花木兰的落叶乔木，终究脱离木兰属而自立门户。只不过，见惯木兰花的人们，见到天女花那一树和木兰花相似的白色沁粉花朵，只怕第一时间也会误认为它是木兰花的某一种。

五六月间盛开的天女花，九枚花瓣洁白轻盈，花心赤丝夺目，俏生生藏身于宽卵大叶间，迎风招展，确实仿若美丽的散花天女，又宛似一支支生于树梢不染俗尘的莲花。无论中文名"天女花"，还是日文名"大山莲華"，都取得很是妥帖。

148

天女花，花似玉兰而白过之，
　　暮春始开，香甚清远。
　　〔清〕鄂尔泰《云南通志》（节选）

天女花
Oyama sieboldii
木兰科／天女花属

149

省沽油，又名珍珠花……科条似荆条而圆，
对生枝叉，叶亦对生，叶似驴驼布袋叶而大，
又似葛藤叶却小，每三叶攒生一处，开白花似珍珠色。

〔明〕朱橚《救荒本草》（节选）

省沽油
Staphylea bumalda
省沽油科 / 省沽油属

省沽油，这个三汉字组合，相信对大多数中国人来说，都是意味不明闻所未闻的奇怪组合。而一旦知晓其乃植物名，就不免猜测它是不是可以榨油用来烹调菜肴，从而省却了买油之事。

的确如名所示，省沽油的种子富含油脂，但多用于制作肥皂或油漆，没有人去拿它下饭。相较于省沽油这个有点名不副实的名字，它的日文名"三叶空木"倒用三叶二字抓住了省沽油甚至省沽油属植物的共同特征。

省沽油属是个小属，约十一种，除却生于欧洲的两种其叶片数由三至七不等外，余者几乎都是三片小叶组成的复叶，也即明人朱橚在《救荒本草》中所记的"每三叶攒生一处"。

虽然省沽油这个名字有欠风雅，毫无余韵可言，但省沽油花开，却在绿意婆娑的复叶间挂起一件件莹白衣衫，清姿素淡，雅致无比。因它"开白花似珍珠色"，古人又称其为珍珠花。但这个别名不宜在现代继续使用，因为它早已成为杜鹃花科珍珠花属众植物的官名了。

然而，不必嫌弃省沽油之名欠佳，它的同属兄弟中还有比它更惨的，那就是中文名为"膀胱果"的 *Staphylea holocarpa*。膀胱果花色或白或粉，美丽并不逊于省沽油，但不幸却被植物学家以其果形为之命名。实际上，省沽油属众木，果实均长得类似，都是尖端两裂类似倒心形的膨大膜质蒴果，不知怎的，植物学家就将它们看成了膀胱形。

在《救荒本草》中，省沽油树叶被描述为"味甘微苦"，可油盐调食。据说，中国一些地区仍有将省沽油花朵晒干食用的习惯，而日本民间亦有以省沽油叶为野菜或将花蕾与米饭一起蒸食的做法。看来，家有省沽油，油不可省，菜或许可省。

何木省沽油

桤树逐溪长

杜甫游宦蜀地之时，曾见人栽桤木而作诗一首，中有"饱闻桤木三年大"之句，自此以后，后世诗人但凡提及桤木，总逃不过杜诗窠臼。

易生速长的桤木，不为古人所推崇。古人以"唯蜀有之不才木也"，"蜀木似桤成底用"的论定，将其归类于不堪成材的木类之列。宋人宋祁干脆给出"厥植易安，数岁辄林，民赖其用，实代其薪，不栋不梁，亦被斧斤"的判词。

虽被古人嫌弃，但桤木并非仅能为薪的无用之木，只能说它资质平常，在各方面均算不上出色拔尖。桤木亦可充当建材，也能如"松成架巨屋"的松树一样，成为林中小屋的栋梁之材，茎皮纤维亦可制造绳索，甚至它的树皮与种子，也是草木染的常用染料。只能说速成之木，因为得来得太过容易，所以才不受重视，才致使它沦为人们眼中的柴火一堆。尽管在古代，三年成林的桤木被贴上了"桤成供烹爨"的薪柴标签，但在世界变成地球村的今日，来自西方的红桤木（*Alnus rubra*）家具也登上了都市的家具卖场。

桤木属成员有三四十种，原生中国的有十一种左右，自东北至华南，几乎均有桤木属植物分布，其中桤木（*Alnus cremastogyne*）为中国特有树种。虽然诸物种成株高度不等，

日本桤木

Alnus japonica

桦木科 / 桤木属

152

但生长快速，而且少有旁枝，一干直上千尺，绿叶直欲凌云，若充当荒山寂野的绿化树种而种植之，则不消数年，就能达成"疏密桤林整整来"的效果。

可惜的是，人类往往只懂索取，不知种植。在人类不断地向自然贪婪索取的时代里，数岁成林的桤木也抵不过人类掠林侵野的进攻步伐，野生桤木终于由旧时蜀地的常见植物变成了今日濒危的国家保护植物。

草堂堑西无树林，
非子谁复见幽心。
饱闻桤木三年大，
与致溪边十亩阴。

〔唐〕杜甫《凭何十一少府邕觅桤木栽》

榕树紫垂髯

南国盛夏漫长，大半年皆暑气蒸腾不休，现代人一旦离开室内或车中的空调庇护，在烈日下行走，即刻就会汗流浃背，狼狈不堪。好在，南国街道庭院，榕树最为常见，若不堪暑热，大可以觅一处腰阔臂圆、华冠千尺的高榕，疾步趋于树下，或立或坐于树根之上，稍事歇息，得享片刻清凉。

作为南国代表树木，在古代诗词里，榕树常与荔枝携手同行，"榕阴巷陌春风老，荔子楼台宿雨干"便是个中代表。在植物生长空间尚未受到现代城市道路或建筑掣肘的古代，一株榕树，尽情舒展枝干，宛如褐色须髯垂下的气生根，一旦触及泥土就能变身为支柱根，随后根上托枝，枝上覆叶，绵延扩张，横枝盖地一千尺，榕阴落处宜千客，绝非夸张。若见过那些树冠覆地十余亩的参天老榕树，就会知道："独木不成林"这样的语句，并不适用于榕树。

生活在现代都市里的行道树榕树就有点憋屈，气生根长及地面，却终究只能在水泥地面上徒劳舞动，无法落地生根。为了不妨碍行人行走，那些无缘与土地结合的气生根，会时不时被剪去半截，成为于树无用、任人观赏的繁叶下的饰物。

因为厚叶碧翠又富光泽，老根盘曲有姿，榕树与它属内的一些兄弟姐妹如印度榕等也成为盆栽绿植的常选之木。只是，那被束缚于小小容器内的榕树，纵能满足人类对绿色的向往，于它自己，终究会有点壮志难酬的意难平吧。

在所有关于榕树的文字里，最为人所知的或许是曾录入小学课本的《鸟的天堂》。作为无花果的同属亲戚，榕树也会结出卵圆形的果实。每至春半，榕树叶间缀果无数，"庭空落榕子，人静鸟呼雏"，除了枝繁叶茂宜于鸟儿藏巢其间之外，榕果也应是榕树成为鸟的天堂的一大助力。

直不为楹圆不轮，斧斤亦复赦渠薪。
数株连碧真成菌，一胫空肥总是筋。

〔宋〕杨万里《榕树》

榕 树

Ficus microcarpa

桑科 / 榕属

荛花开繁饶

　　按《说文解字》的说法，荛，薪也。荛这个字，原本意指柴草，就连砍柴的樵夫也被称为荛子。或因如此，一不小心，荛就变成了不起眼的小灌木荛花的名字。以薪为名倒也没什么，但偏还有一个与荛长得近似的汉字芫也是植物的名字，且还是与荛花容貌略有雷同的植物。于是，芫冠荛戴的事情时有发生。

　　同在瑞香科的芫花（*Daphne genkwa*）与众荛花属植物，虽然分属不同属，却都有着小小筒状花朵，筒冠常为四裂，小小单花三五成群地聚集在一起，开得烂漫无比。若要区分众荛花与芫花，也不算太难，因为芫花花色艳紫，多生于叶腋间，而荛花属植物花色要清淡许多，多为雅致的黄白绿等色，数朵攒成的小花序常生于枝梢顶端或上部枝叶腋间。

　　在一众花色素净的荛花中，花色粉白相间的北江荛花（*Wikstroemia monnula*）称得上是荛花属数一数二的美人，虽

北江荛花
Wikstroemia monnula
瑞香科 / 荛花属

芫花，芫者饶也，其花繁饶也……

　　按苏颂图经言：

　　绛州所出芫花黄色，谓之黄芫花。

　　其图小株，花成簇生，恐即此芫花也。

〔明〕李时珍《本草纲目》（节选）

然单花依旧略显小巧，但萼筒为白，萼冠微赤淡粉，或时呈浅紫，就有了色彩渐变的层次之美，十朵左右共同撑起一把碎花小伞，摘一枝花序握在指尖，细细观赏，会令人觉得它有着楚楚可怜的动人风致。

　　中国拥有四十余种芫花，多数均以某某芫花为名，但其中亦有异类，比如听起来芬芳四溢的"一把香"（*Wikstroemia dolichantha*），又如常用来入药的"了哥王"（*Wikstroemia indica*），名字有着莫名的霸气。芫花在中国虽多用作药材，但它的茎皮纤维却是上好的造纸材料，云南纳西族的东巴纸就是用芫花制造的。而在邻国日本，和纸品种"雁皮纸"的原材料之一是日文名为"青雁皮"的倒卵叶芫花（*Wikstroemia retusa*）。

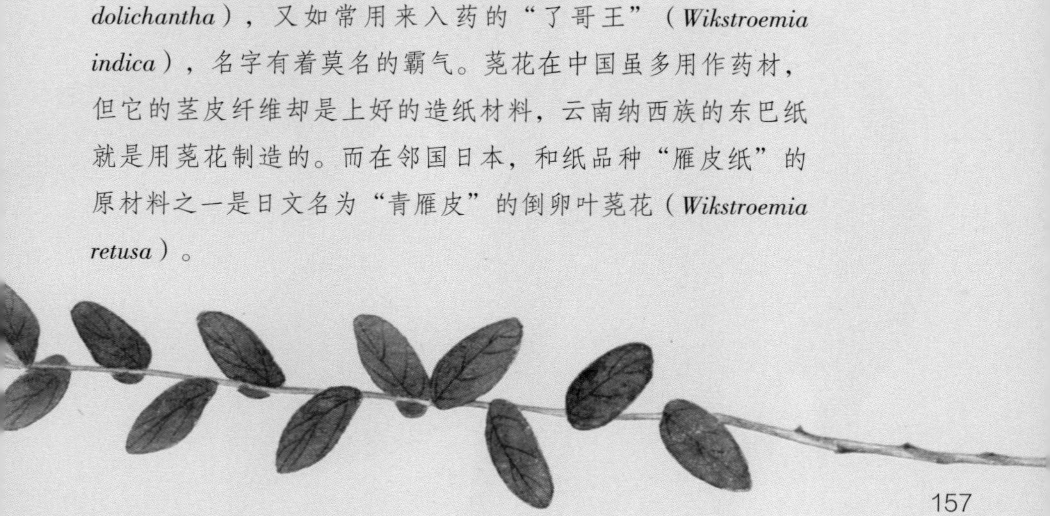

巴豆树叶色丹映，或队聚重峦，
或孤悬绝壁，丹翠交错，恍凝霜痕黔柴。

〔明〕徐霞客《徐霞客游记》（节选）

巴 豆
Croton tiglium
大戟科 / 巴豆属

巴豆实非豆

名中有豆听起来总是萌态可掬，毕竟中国人对那一粒粒小小豆子，无比迷恋。豌豆、蚕豆、大豆、赤小豆，炒煮炖磨，变尽花样吃下肚。但巴豆不在此列，因它虽有豆名，却在毒物频出的大戟科。

自然而然，巴豆也带毒性，只是受演义故事影响，现代人普遍认为：巴豆是泻药，而非毒药。古时候的中国人可并不这样想，东汉王允写文章"草木之中，有巴豆、野葛，食之凑懑，颇多杀人"，而在元代关汉卿的杂剧里，单刀赴会的关云长如是唱道，"哪里有凤凰杯满捧琼花酿，他安排着巴豆、砒霜"，巴豆甚至与砒霜相提并论。

巴豆能摆脱杀人嫌疑，或应感激李时珍，他以临床出真知的实践精神得出了巴豆适量使用则除一切积滞的结论。或因如此，自明以降，巴豆渐以致泻之物闻名于世，流传至今。

不知道是不是古人也爱用老鼠做实验，晋人张华所著《博物志》里平白无故地冒出一句：鼠食巴豆，三年重三十斤。此类志怪书籍，原本不可尽信，李时珍也认为纯属胡说八道。可是，据说现代科学论证，巴豆此物，还真是"看人下菜碟"，老鼠食之，的确安然无恙。至于人类，若大量食用，后果自负，并不会仅像《聊斋》故事里被悍妇江城"暗以巴豆投汤中而进之"的无礼访客王子雅，即便"吐利不可堪，奄存气息"，却仅凭一碗绿豆汤就能"饮之即止泻"。

巴豆花小细碎，并不足观，倒是椭圆如豆的蒴果，半成熟时微染红赤，经雨后倒也芳鲜可爱，只是，路过君子又有几人知道它便是闻名天下的泻药巴豆？

未霜乌桕赤

　　每年早秋，在华中原野之上，远远就会见到低矮灌木中，一丛赤色染枝，点缀在秋野的芒草枯木之中，走近了一看，不出所料，果然又是乌桕，正顶着满树卵心带尖的红叶，在秋光中一株垂殷红，未必让丹枫。

　　从前，一粒乌桕的种子被鸟衔来，落地生根，自由生长，很少受到人力干扰，不出几年，它就会长成小小乔木。秋冬季节，树下总有顽童身影聚集，或竞拾红叶以比较谁之叶为最美，或捡拾乌桕白生生的果实以玩耍。

　　可惜的是，近些年故乡农人惜地如金，檐前舍后多植果树或经济树种，野外田头曾有的小小杂树林多被垦荒或被农田侵占，无处容身，高大乌桕已渐稀少，倒是托鸟儿传播之功，田埂灌木丛中依旧有小小一株时不时冒出来，只是不消多久就被当作柴火砍走，乌桕永远也完成不了长成参天大树的目标。

　　实则，乌桕不仅秋日红叶呈艳，春夏两季里，乌桕红红生稚叶，那刚萌生于树冠梢头的新生嫩叶也是俏生生的一点轻朱嫩赤，分外别致可人。可惜，秋来层林尽染，秋叶静美者太多，或许乌桕那小小的菱心尖叶，在人们心中，终不如枫香的三角裂叶或鸡爪槭的掌状叶那般吸人眼球。

　　作为本土树种，乌桕曾经被人们取叶染乌饭、做糕点、染衣衫，用富含蜡质的种子制作蜡烛，"乌桕作烛供清愁"，甚至连带着江南清愁的雨巷姑娘手上的油纸伞上抹的也可能是乌桕的种子之油。然而，繁华已逝，在经济树种抢滩略地的当今，"前村乌桕熟，疑是早梅花"的诗境，渐成绝唱。

　　无论是那一树小巧尖尖叶片，还是成熟后会裂出三枚雪白球果的别具一格蒴果，都渐渐湮没于人们的记忆中。经霜时如火般蒸腾的那一棵乌桕树，何时能再次出现于村畔院后呢？

乌柏

Triadica sebifera

大戟科 / 乌桕属

巾子峰前树，逋仙句最工。

迴明霜寺外，半落石池中。

郑老惟书柿，崔郎只咏枫。

山林正寂寞，备此作春红。

〔元〕张翥《乌桕树》

雪缀野茉莉

　　《红楼梦》第九十七回里，有这样的文字："知宝玉旧病复发，也不讲明，只得满屋里点起安息香来，定住他的神魂。"能定神魂的"安息香"，取诸植物安息香树。或者，因为安息香这三个字，读来会令人不知不觉间沉静下来，在汉字的植物世界里，安息香三字很受器重，不仅是一属之主，还是一科之长。

　　有时候，安息香的科长属长之名也会被属下篡位，或被写为野茉莉科，或又被叫成野茉莉属。说起野茉莉，它之所以有点名声，应归功于汪曾祺老先生的文章"野茉莉，处处有之，极易繁衍"，只是，汪老文章里的野茉莉只是紫茉莉（*Mirabilis jalapa*）的别名而已，与以野茉莉为正式中文名的安息香属的植物 *Styrax japonicus* 没有关系。

　　尽管野茉莉一名不甚动听，不及安息香意蕴悠远，不如同属的玉铃花、垂珠花、白花龙富于诗境，却丝毫无损它的天生丽质。

野茉莉
Styrax japonicus
安息香科 / 安息香属

作为在华夏分布最广的安息香属植物，野茉莉在地大温差大的中国，因地气而择时开放，早自三月，晚至六月，一树绿叶白花，缀雪纷纷，芳香四溢，人若见之很难做到不驻足相赏，于绿影摇荡的树下沉醉仰视那一树映着青天、蕾似垂珠、白花黄蕊的玲珑花朵。只怕，臣服于野茉莉清新雅丽花影之下时，不少人的心中会泛起相见恨晚之念。

当然，与植物的相见，永远不会嫌晚，前提是你懂得主动去见它。野茉莉如今早已不是原野山树，它已成为庭园花木，甚至拥有园艺变种。也许，在你所在地域的某一处角落，就有一树野茉莉高高地挑起一串串流雪飞玉的白色花序，等着你来与它一起共度韶光。

齐墩树

（野茉莉别名齐墩果），

生波斯及拂林国，高二三丈，

皮青白，花似柚，极香。

〔唐〕段成式《酉阳杂俎》（节选）

163

旌节花，色黄，
　干似老藤，
　一枝缀数十朵，
　　成串下垂，
　行行如旌节，故名。
〔清〕闵麟嗣《黄山志》（节选）

中国旌节花
Stachyurus chinensis
旌节花科 / 旌节花属

不少人知道旄节，但可能鲜有人知道世间竟有旄节花。旄节花一科独属十余种，多数都为中国原产。

只是，若寻诸古籍，会发现古之旄节花与今之旄节花不尽相同，在很漫长的时间里，旄节花常被用作锦葵属植物的别称，"绕舍灿明霞，短长旄节花"，"阶下红开旄节花"，"绿竹琅玕色，红葵旄节花"等句中，花开红艳逼人，绕舍灿烂如霞的都是锦葵或蜀葵，而非今日花开淡黄或浅碧，小花细碎，拉丁学名为 *Stachyurus chinensis* 的中国旄节花。

可能，要等到清代以后，旄节花这个中文名字才开始落到旄节花科众植物身上。清人闵麟嗣在《黄山记》中写道："色黄，干似老藤，一枝缀数十朵，成串下垂，行行如旄节，故名。"种种描述与现代旄节花特征极为相近。

早春时节，旄节花的花朵往往在叶未萌发之际已然挂上枝头。开到繁盛时，满枝流苏随风轻舞，又似垂下了一道又一道花帘。若远望之，则树枝如同旄节所用之竹，而密生的穗状花序就如同旄节上用羽毛或牦牛尾制作之旄，当真是树如其名，形象生动之极。

旄节花之为植物，其名不彰。但若提到中药材小通草，或许有人知道。其实，小通草并非来自某一种特定植物，中国旄节花正是小通草的药材来源之一。亦因如此，被许多植物作为别名以致极易引起混淆的"通草"和"小通草"这两个名字，也是旄节花的别名。而在邻国日本，因为旄节花之果实能够代替五倍子成为草木染的原材料，故它的日文名就成了"木五倍子"。

旄节花垂帘

开到繁盛时，满枝流苏随风轻舞，又似垂下了一道又一道花帘。

安息香属植物的英文名字都是 snowbell，闻名如见面，该属植物大都容貌出众，花色如雪，花形似铃。世间草木似乎格外钟情于吊钟形与铃铛状，故而许多植物都以铃或钟为名。

在夏日碧荫中，偶一抬头，见到玉铃花高大葱茏的枝头，一串串十数朵雪色花儿簇成一束，映衬着碧叶蓝天，于季风中款摆轻摇，心中确实会不自觉地响应起花串舞动的韵律，悠悠荡起一声声余韵悠长的清脆铃音，所谓花开有声，或许尽在观花人为花而迷醉不已的心中。如此说来，玉铃花，这个由古人取下的名字，确属佳名，既是写实，更为写意。而日本人称之为"白雲木"，就是纯取意境，以白云二字来赞誉玉铃花满枝头之盛况了。

玉铃花

Styrax obassis

安息香科 / 安息香属

日本花艺职人川敏濑郎的插花作品书《一日一花》里记载，作者曾于七月末折取一支玉铃花枝条插"花"。时已七月，插的自然已不复是花枝，而是挂着和花蕾形状类似的果实的叶果枝条。在专业的插花人士眼中，草木之美，不只限于花，也在于枝叶树形。玉铃花开，实在清新秀雅已极，花谢后，叶也如川敏濑郎所言"结果时期的叶姿更加优美"。

一起由山野出发，靠出众的美丽进阶为庭园花木的玉铃花与野茉莉，花开时节宛若孪生双子，皆雪裳金蕊，绿枝堆雪，清芬宜人，唯玉铃花花序更长，聚花的花朵数量更多而已。实则，两者的最大差异应在叶片，玉铃花大叶长阔，绿意盈盈，更为招展。正因如此，它才能在花谢之后，仍因叶姿优美而成为插花师几案之上的座上宾。

玉铃花，高大茏葱，五月开白花，
一枝十数朵，排列下垂，形如玉铃，
有同追琢，香气馥烈异常。

〔清〕闵麟嗣《黄山志》（节选）

167

金雀与锦鸡

杜鹃为花鸟同名界中的知名大咖。至于锦鸡，世人多知有羽毛艳丽的锦鸡，而鲜知有花开明黄的锦鸡儿树，同样，金雀儿树也鲜有人知。

锦鸡儿与金雀儿，同为豆科植物却不同属。虽花分两种，但在非植物专业人士眼中，它们不仅名字对仗，有如孪生，形状更是相去无几，一样的小灌木，一样的蝶形花，一样的鲜黄花色，一样的花朵挂于枝上，旁分两瓣，如蝶翼微张，飞飞欲动，让人欲辨无从辨。

当然，既然异属，肯定有所不同。首先，它们叶形有别。其次，锦鸡儿枝有柔刺金雀儿则无。就连乍看相似的黄花也有细微差异，金雀儿花喜单朵生于枝条上部叶腋间，于枝梢如栖于电线上的鸟儿般一线排开，朵朵向日灿烂绽放，而锦鸡儿花虽花冠为黄色，却常略带红色，一朵朵独自悬于枝上，有若群雀结队，正乘风滑翔。

最富迷惑性的或在于两者均有别称为金雀花，让世人更误以为它们实为一种。当代人尚有植物图鉴与识花软件代为区分，古代人眼中的金雀花就全然指代不明了，"金雀花，花黄色，如小雀形，故名"之说，放诸二者而皆宜，但"金雀花，丛生，茎褐色，高数尺，有柔刺，一簇数叶"之说，显然指的却是锦鸡儿。当然，古人也有能正确区分二者的，如《救荒本草》里"把齿花，本名锦鸡儿花"一条就清楚明白地写出锦鸡儿花"有小刺"。

以食花而知名的云南，据说会采锦鸡儿花炒蛋脯。古人频频提及金雀花焯后可以"作茶供"，只是，在分不清金雀儿、锦鸡儿的年代里，他们所喝的，究竟是金雀儿花茶，还是锦鸡儿花茶呢？

叠叶倚风绽，翩翩凌雾排。

齐名仙母使，写样汉宫钗。

〔宋〕宋祁《金雀花》

锦鸡儿

Caragana sinica

豆科 / 锦鸡儿属

169

鸡麻生道旁，

叶如桃叶，

叶边有倒刺，

枝有白星，

空心如葱，

花似梅花而四出。

〔清〕《古今图书集成·博物汇编·艺术典》（节选）

鸡
麻
花
四
出

蔷薇科植物，鲜有不美者。

纵使只有四瓣白花，弱花纤纤，一
点纯白，清清淡淡温温柔柔地点缀于叶
缘围着精致锯齿边的褶皱绿叶间，鸡麻也自有一份纤柔娇嫩
的春光美。或因这一点楚楚动人的风情，日本人将它提升到
棣棠花的地位，日文称花开明黄的棣棠花为"山吹"，鸡麻
自然而然就成了"白山吹"。

棣棠花（Kerria japonica）与鸡麻，虽同在蔷薇科门下，
但蔷薇科山高水阔藏龙无数，若按人类辈分，她们俩或许只
能称得上五百年前是一家。偏生姐妹花都是天煞孤星的命，
各自均是单属独种的独生女儿，棣棠花属仅有棣棠花一种，
鸡麻属亦如是。

好在，无论它们血缘是浓是淡，是各成一属还是应为一家，区分两者并不艰难。鸡麻以四瓣白花、青青皱叶，清爽简单的极简画风，令自己在万花繁复的蔷薇科中脱颖而出，打上了高辨识度的标签。

　　高不过两三米的鸡麻小小花朵，常孤朵单生于枝顶。花谢果成，四枚倒卵形花瓣凋零，四粒泛着光泽的椭圆核果渐渐长成，由夏至秋，在日光雨露浸润之下，上演一场果实由青碧、微黄、朱赤，直至深邃褐黑的色彩幻化秀。也不知是旧年那黑珠般的成熟果实舍不得离枝落去，还是今岁新开的花朵开得太迟，鸡麻枝上也会出现花果同在之景。

鸡 麻
Rhodotypos scandens
蔷薇科 / 鸡麻属

莽草为毒木

八角几乎与每个中国人的味蕾都有着不解之缘。每年春节，家家的卤锅沸腾熏蒸，空气里弥漫着卤料的香气，其中一缕，正来自八角。

说起来人类实在是一种奇怪的生物，竟然能从万千草本中剔除那些有毒之物，而对那些无毒者之枝叶花果巧加利用。比如，最开始人们是如何从一堆八角属植物中，找出唯一可以用来下锅的八角的呢？

八角属的属名词 *Illicium*，词源为拉丁语 *illlcere*，意为"诱惑、吸引"。吸引人去探访八角属植物的，并非它们鲜艳夺目的果实，而是它们的枝叶果都拥有的迷人香气。

只是，香则香矣，不宜入口。除却八角（*Illicium verum*）之外，八角属家族的许多植物都是毒物，比如红毒茴（*Illicium lanceolatum*）、日本莽草（*Illicium anisatum*）、野八角（*Illicium simonsii*）。

有毒的野八角和红毒茴都有一个别名"莽草"，但八角属植物名中有"莽草"者，仅有日本莽草而已。莽草一名源流较远，古籍里早有"朝歌之山有草焉，名曰莽草，可以毒鱼"之记载。虽以草入名，但它们并非草本，而是灌木或小乔木。

八角属植物，外形并非都与八角相似，如野八角和日本莽草就开着细线状花瓣的白黄色花朵，而红毒茴却与八角一样，开着小巧玲珑很是别致的红色花。宋人沈括在《梦溪笔谈》里描述一种能毒鱼的莽草，说它"枝叶稠密，团栾可爱，叶光厚而香烈，花红色，大小如杏花，六出反卷向上，中心有新红蕊，倒垂下，满树垂动，摇摇然极可玩"，这一植物多半应是与八角相似的红毒茴。

若路遇与八角长得相似的植物，还是不要动手采摘为妙，搞不好那是脱落了几个角的红毒茴呢！

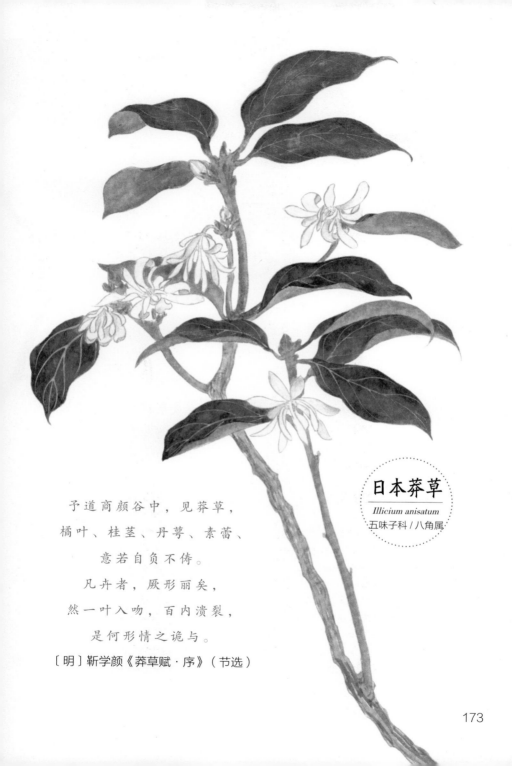

予道商颜谷中，见莽草，

橘叶、桂茎、丹萼、素蕾、

意若自负不侔。

凡卉者，厥形丽矣，

然一叶入吻，百内溃裂，

是何形情之诡与。

〔明〕靳学颜《莽草赋·序》（节选）

日本莽草

Illicium anisatum

五味子科／八角属

榆 树
Ulmus pumila
榆科 / 榆属

风榆落小钱

桑树和梓树站在一起，就成了人类的故乡。桑树和榆树立在一块，就成了太阳的归处。凡有人烟处，皆有草木，而汉语世界就是如此神奇，让一棵又一棵与人类为邻的植物，在语言里再次与人类生活紧紧关联在一起。

所谓桑榆，是日落西方的日暮，是垂垂老矣的暮年，是红尘思隐的田园。然而，物性相异，桑若属江南，榆则属北地，许多有生之年都未曾有缘一见榆树的南方人，在背诵着"莫道桑榆晚，为霞尚满天"的句子时，是经由桑榆这一个词，才能知晓世间还有榆树一木。读到"榆荚钱生树"，才知道原来榆荚形状似铜钱。再比如说，看到榆木疙瘩、榆木脑袋这样的比喻，才知道原来榆木坚硬无比。

纸上得来的印象到底模糊，要待来到北国，亲眼看一下

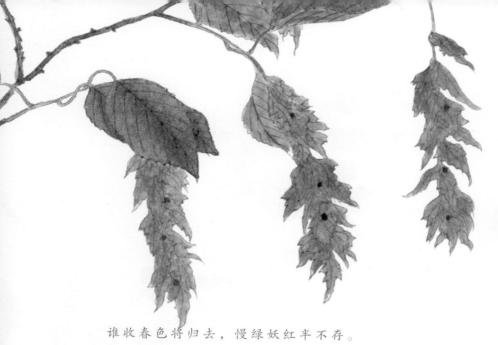

谁收春色将归去，慢绿妖红半不存。

榆荚只能随柳絮，等闲撩乱走空园。

[唐]韩愈《晚春二首·其二》

树高数米的榆树，看到它叶面褶皱叶缘锯齿的披针小叶，感受一下它那青蚨铜钱般簌簌落下的未熟翅果，才能恍然大悟：啊，原来榆树长这样。对于幼时读刘绍棠的《榆钱饭》而被文字撩得垂涎三尺的人来说，或许，来到北国的第一件需要迫切去解决的事，就是一解对榆钱饭多年的相思，偿还那一笔馋债。

榆树小叶生得平常，榆树碎花细小几不可见，最抢眼的还是那满树聚集垂挂的榆荚。或因"杨花榆荚无才思"句子里杨花榆果并提的误导，世上仍有人误以为榆钱是榆树的花朵，却不知那被古之贫民摘来充饥的榆钱，是榆树长着翅膀的果实。一旦青果转褐，榆钱儿就会展翅飞翔，寻找下一代的新生住所，若觅到佳处，数年之后，则又是一树榆荫青葱。

虎刺

Damnacanthus indicus

茜草科 / 虎刺属

油碧层层剪绿沉，幽岩高下自成林。

银花护刺蜂房远，怪石眠苔虎迹深。

低缀赤瑛悬百子，长流苍雪盖重阴。

烦君位置倪迂画，小景参差著短岑。

〔清〕彭孙贻《虎刺》

176

说起虎刺，今日的园艺爱好者恐怕第一时间想起的不是正牌的虎刺，而是在园艺界中以"虎刺梅"或"虎刺"这样的别称行世的大戟科大戟属植物铁海棠（*Euphorbia milii*）。实则，虎刺这个植物名是茜草科虎刺属植物 *Damnacanthus indicus* 的正式中文名。

虽说铁海棠茎枝上也密生着硬而尖的短小锥状刺，但虎刺之刺与铁海棠全然不同，并不密集生长，仅在枝节的托叶叶腋间相对而生出一对长可达两厘米的针形尖刺，故而民间又唤之为"绣花针"。虎刺之刺当然并不能拿来绣花，拿来刺人、刺兽倒是很有威慑力，故而，它还有一大串充分展示其独门武器威力的别名，如"伏牛花""鸟不踏""老鼠刺"等。

在古代的花卉世界里，虎刺也曾是《群芳谱》中榜上有名的植物，"一名寿庭木，叶深绿而润……四月开细白花，花开时子犹未落，花落结子红如丹砂"，古文洗练，短短数语已写尽虎刺翠叶油碧、白花胜雪、赤果红鲜之美。

但凡冬日果色鲜艳的常绿灌木，因能为枯寂的冬季庭院添一抹亮色、增几分绿意，而向来深受爱园艺之人激赏，虎刺自不例外。旧时，在严冬厚雪中一树赤果的虎刺，以层层绿叶、颗颗红豆跻身于园艺观果嘉木行列，也曾比肩草珊瑚等花木，成为一时之胜。只可惜，旧时风流，俱往矣。

身形矮矮的小灌木虎刺，四季碧叶青青，初夏白花盈盈，秋冬赤果累累，又有利刺护体，作为菜圃或庭院的天然藩篱，再好不过。只是如今又有几家庭院尚有它的木之踪影呢？

客土依云实

　　在长江以南的华夏地界，早则三月，晚则五月，因地制宜，云实自浅春开至初夏。树梢上一枝顶生的总状花序，俏生生地挑出一抹艳黄色，绿叶婆娑葱茏，黄花金黄灿烂。一棵云实，就是一幅色彩明朗的油画。然而，云实那明艳的花朵，只宜远观不宜近嗅，因为它枝干有如穿着软猬甲，带有直钩状或倒钩状的尖刺。更何况，身为藤本灌木，它随性攀缘，藏身于灌木丛中，一不小心，靠近它的人就会在杂木丛中中了它钩刺的暗算。

　　尽管和所有带刺植物一样，纵然美丽却难免伤人，但是，有了这钩刺的掩护，云实作为看家护院的篱垣植物却是极好的，至少远远强于那些没有美感的墙头碎玻璃碴或铁枪头。农家小院墙侧若植上一两株，春日里一朵朵黄底点着赤红花蕊的花蝴蝶飞上墙头，是无比明媚的春日一景。即便花谢，那一墙浅绿纤柔的二回羽状复叶，也很养眼。

> 树梢上一枝顶生的总状花序，
> 俏生生地挑出一抹艳黄色，绿
> 叶婆娑葱茏，黄花金黄灿烂。

云实
Caesalpinia decapetala
豆科 / 云实属

　　花开明艳照人的云实，如同许多豆科植物一样，结长椭圆形的荚果，中医以根茎果入药，故古人的药名诗里有"客土依云实，流泉架木通。行当归老去，已逼白头翁"之句。不知何故，它竟也惹上魑魅魍魉之说，陶弘景写它的种子"烧之致鬼，未见其法术"，《神农本草经》则写"久服，轻身通神明"，这些子虚乌有的鬼魅之辞，不知源出何处，只能引人一笑而已。

　　如果身在云实喜居的长江流域及其以南地区，不如细细去品味云实的春华秋实，看这一株中文名字颇有点诗意的植物，作为人家篱落都市绿道的观赏园木，拥有怎样的四季芳华。

　　　　　　　此草山原甚多，
俗名粘刺。赤茎中空，有刺，高者如蔓。
　　其叶如槐，三月开黄花，累然满枝。
　　荚长三寸许，状如肥皂荚。
　　〔明〕李明珍《本草纲目》（节选）

罗汉松

Podocarpus macrophyllus

罗汉松科 / 罗汉松属

蟠枝移下鹫峰头，劲鬣鳞鳞舞翠虬。

叶近贝多长不坏，寒分祇树几经秋。

声闻证入寒涛起，诸漏空来午荫流。

断尽根尘征圣果，荒山冰雪满炎洲。

〔清〕彭孙贻《罗汉松》

松叶纤细，故人们常名之为松针。罗汉松则不然，叶片狭长扁平，与针全然不像，不似松叶，反而类于杉叶，所以又有土杉之名。故而，纵使一般人总因名字而生误会，误以为罗汉松亦是松属植物中一种，植物学家却清楚明白地让它自立门户，自成罗汉松科、罗汉松属。

既然名中有罗汉，僧院庙宇便多喜种植，历代游记散文，述及寺庙风景时，总少不了罗汉松一笔，文字案例更是俯拾皆是，如"殿前罗汉松四株，枝干森矗，古色苍然，盖三四百年物也"，"罗汉松，经岁长青，山中亦多，惟龙寿庵两树，至合抱为最大"等。

若问罗汉松何以得名罗汉，看看它果实的样子就能一目了然，放下心中疑窦。每至初夏，罗汉松叶腋间果实初成，绿色的种子在上，红色的种托在下，种托上微微突出的苞片，则宛如合十的双手。在擅长联想的人类眼中，那宛似小人儿的果实，俨然是一个个身着红袈裟的光头罗汉。

一旦名字结了佛缘，罗汉松自然就仿佛带了佛光，不仅寺庙喜植，就连没有场院的人家，也喜欢弄一盆缩微的罗汉松盆景在案，既赏它"老态益婆娑，支离复拳曲"的枝形，也借罗汉二字的庇佑。若是盆景难得，也喜欢在冬日书案，供一瓶由罗汉松，南天竹和蜡梅组成的瓶插，得享"罗汉松青天烛赤，轻黄更闲蜡梅枝"的寒冬清雅闲情。

不过，鸟儿才懒得管人类为植物取名时的异想天开，对它们来说，那紫黑色而味微甜的肉质种托既不是罗汉的袈裟，也不是罗汉的肉身，而是它们的食物。对罗汉松来说，种托被鸟啄食无疑也是一件美事，因为它的种子正可以借鸟儿的衔食而开始一段新的生命旅行。

更来罗汉松

竹柏青亭亭

自从知道世间有名为竹柏的植物后，就开始疑心是否一直误读了苏轼的文字。在《记承天寺夜游》里，苏轼写下这样的文字："庭下如积水空明，水中藻、荇交横，盖竹柏影也。何夜无月？何处无竹柏？但少闲人如吾两人者耳。"未知有竹柏一木前，大抵竹柏二字，都自然而然被解读为竹和柏树。知有竹柏一木后，不免添了疑惑。但"藻、荇交横"四字，或已表明苏轼文中之竹柏实为两种植物，因柏叶类藻而竹叶略如荇。

竹柏这个中文名，其实由来已久。早于苏轼的北宋人宋祁早就曾在其著作《益部方物略记》里提过竹柏："竹柏生峨眉山中，叶繁长而鲜似竹，然其干大抵类柏，而亭直。"然而，不知为何，兼具竹与柏之名的竹柏，竟泯然众木之中，知名度低到尘埃里。

既非竹也非柏的竹柏，甚至不归于竹科或柏科，而归类于罗汉松科。尽管鲜为人知，竹柏却是古老的存在，是自遥远的中生代白垩纪历尽沧海桑田变幻而留存到今日之物。

> 庭下如积水空明，水中藻、荇交横，盖竹柏影也。何夜无月？何处无竹柏？但少闲人如吾两人者耳。

罕为人识的古木竹柏，其实也很美，一如其名，拥有肖似竹叶却更厚实丰润的美丽叶片，"桃李夏绿，竹柏冬青"，竹柏也是经冬犹自青翠欲滴之物，且绿意更胜几分，无怪乎今日那些爱花花草草的世人常将它纳入小盆，作为室内绿植细加呵护。

竹柏如果脱去盆栽束缚，不再只是案头那小小的一棵观叶植物，而是长在山野，它便能沐风浴雨，吐纳天地灵气，就会自由自在地生长成一二十米的高大乔木，似欲凌云而上。

竹柏生峨眉山中，

叶繁长而箨似竹，

然其干大抵类柏，而亭直，

其叶与竹类，致理如柏，

以状得名，亭亭修直。

〔宋〕宋祁《益部方物略记》（节选）

竹 柏

Nageia nagi

罗汉松科 / 竹柏属

嫩翠丛簇，丫如珊瑚；
甚脆，折之有毒浆，沾体即烂。
人家村墅，多种之。
以其多种田旁，故名护田草，
其正名不可知。
有高大若茂树者，
鸟雀皆不敢集……
亦名霸王鞭，亦名仙人鞭。
〔清〕施鸿保《闽杂记》（节选）

霸王鞭
Euphorbia royleana
大戟科／大戟属

初遇霸王鞭，以为它是一棵疯狂生长的仙人掌，又因为身高惊人，而怀疑它是传说中的量天尺（*Hylocereus undatus*）。后来才发现，原来这株大戟科大戟属的肉质灌木，与仙人掌科并没有任何关系。有趣的是，仙人掌科的量天尺也常被俗称为霸王鞭。

正如许多人不知道量天尺的栽培品种结出的果实就是闻名遐迩的火龙果。许多人看着年少时茎枝肉肉宛似仙人掌的霸王鞭，也鲜少知道它长大成材之后，会拥有粗壮的枝干，能成为数米高的灌木。

纵然霸王鞭在身高上能和量天尺一比高下，论花果之美，却不及量天尺远矣。量天尺既然亦以霸王花为别名，自然也拥有霸气逼人、丰硕美丽的花朵。

夏季开花的霸王鞭，却只有暗黄色的小小杯状花，若零星开放，附在肉质茎干上，掩于匙状长叶下，毫不起眼，几不可见。好在，它有宛似海中珊瑚般丛生的肉质茎枝，枝枝相叉，节节交袭，倒也很足一观。清代钱塘人施鸿保游历福建，记下"嫩翠丛簇，丫如珊瑚"的绿珊瑚树，即为霸王鞭。

可惜，毒物众多的大戟科大戟属植物多数都不是好惹的，霸王鞭亦不例外，全株有毒。施鸿保记载"折之有毒浆，沾体即烂"，以致"有高大若茂树者，鸟雀皆不敢集"，鸟不敢碰它，人类也害怕，"人过其中，常惴惴急趋，恐偶折沾其浆也"。对于毒名在外的植物，小心点的确没错，要知道，霸王鞭肉质茎里的丰富乳汁，如果溅入眼中，是会带来失明之虞的。

就毒性来说，霸王鞭确实是惹不起的霸王，加之它性喜温暖，多生南国，北地罕见，种它的人既少，认得它的人就更少。若有缘相见，可不要误以为它是一株大型仙人掌。

花繁绣线菊

春三月，万紫千红固然五彩缤纷迷人眼，却总有一树雪白花朵默然堆玉积云，以绿底白朵的清丽之姿博得世人青眼有加的小灌木，名为"喷雪花"，亦常被人称为雪柳，长枝软垂，白花覆枝。每年春日，它的玉照常能在网络上替主人赢来无数艳羡目光。

其实，这一植物的正式中文名是珍珠绣线菊。它是绣线菊属最具园艺占有率的高回头率植物，可惜世间知有绣线菊者，终归寥寥。

曾被宋人史铸收入《百菊集谱》的绣线菊，不是今日花开如雪喷射的珍珠绣线菊，而是"花头碎紫成簇而生，心中吐出素缕如线"的绣线菊，亦有可能是粉花绣线菊或其他有着粉紫色花朵的绣线菊属植物。纵然都开着白花，绣线菊们的花形也各有不同，

天成素缕结秋深，巧刺由来不犯针，
篱下工夫何绚烂，条条绾缀紫花心。

［宋］史铸《百菊集谱·绣线菊》

麻叶绣线菊

Spiraea cantoniensis
蔷薇科 / 绣线菊属

如日文名为"小手毯"的麻叶绣线菊，伞形花序开成圆团团的半圆，浑似一个个小小的白绣球，盈盈挂在枝条，与珍珠绣线菊有着不同的美。

虽有菊字入名，但绣线菊却是蔷薇科植物，无论枝叶花，均与菊没有半点相似。在"花"才济济的蔷薇科，绣线菊们那小小的五瓣单花算不上美丽出众，但绣线菊之美并不在于单花独朵，而胜在繁复。花开时，无论花色白粉紫，均满枝花拥蕊挤，丛丛簇簇，开得热闹无比，不是雪条串串，就是红粉团团，任谁见了，都会打心底里为绣线菊众花喝一声彩。

在宋人的世界里，绣线菊有些神奇，"俗呼为厌草花，或云若人带此花赌博则获其胜，故名之"，它竟被赌徒充作博彩头的厌胜之物。如果现代人仍有此迷信执念，恐怕绣线菊的艺名就会变成与喷雪花意境截然不同的"喷钱花"了。

珍珠绣线菊

Spiraea thunbergii
蔷薇科 / 绣线菊属

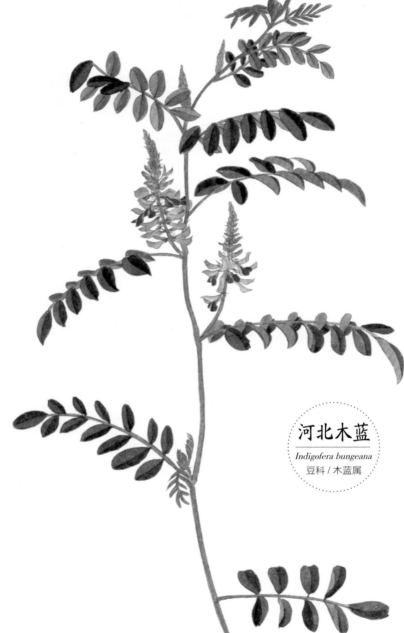

木蓝染青衫

河北木蓝
Indigofera bungeana
豆科 / 木蓝属

木蓝：长茎如决明，高者三四尺，分枝布叶，叶如槐叶，

　　七月开淡红花，结角长寸许，累累如小豆角，

　　　其子亦如马蹄、决明子而微小，

　　　迥与诸蓝不同，而作淀则一也。

[明]李时珍《本草纲目》（节选）

　　花木兰之名，大抵全中国人都知道，但花木蓝之名，只怕鲜有人知。以花字入名的植物花木蓝（*Indigofera kirilowii*），只是木蓝属洋洋七八百种中的一种。在北地夏季，它那一树粉紫的头状花序次第花开，羽叶青青，繁花簇簇，很是引人注目，可谓不负花名。

　　虽以花入名，花木蓝之花形花色却未必更胜木蓝属众木一筹。遍生于中国东西南北坡道野岭之上的数十种木蓝属植物，长相其实颇多雷同，多为株高一两米的低矮小灌木，羽状复叶盈盈对生，或淡紫或浓粉或轻红的花序秀气舒展，往往相似至难以辨认。对普通人来说，区分着实不易，不如不求严谨，大而化之，一律称之为木蓝。

　　如同马蓝、蓼蓝、菘蓝等植物一样，自古便是知名染料的木蓝，名字里的蓝字源自它亦是草木染中蓝染的原料之一。

　　古人说："蓼蓝，如蓼，染绿；大蓝，如芥，染碧；槐蓝，如槐，染青。"一众蓝草植物，虽同为蓝靛染缸原料，染成之色却并非清一色的蓝，仍有差异，深深浅浅，或近碧或偏绿。别称为槐蓝的木蓝，因其染得之色在古人看来更接近于青色，故而也常被称为小青。

　　"蓝蕴嘉色，青出其中"，在硕大的染缸之中，借由人类的染色巧技，木蓝褪去曾经拥有过的花红叶绿华裳，将体内蕴含的蓝色慢慢释放，沉浸成一池浓重墨蓝。在工业染料尚未登场的时代里，多少人身上的那抹青蓝，都曾泛着木蓝的清雅幽色。

流泉架木通

曾经，在初中教室里，听家住山区的同桌以诉说山珍海味的语气说起"八月炸"的美味，听得无限神往。在某个放假返校的周日，同桌送了我一枚"八月炸"果实，浅黑紫的果壳，已兀自炸裂开来，露出其间白肉点黑的果瓤。入得口来，清清淡淡，顿感失望。

显然，人的味蕾是需要培养的，而对"八月炸"美味的认可，许多人并不曾得到培养的机会。因为它在中国至今仍只是山中野果一种，并不曾像邻国日本的木通那样，已成为人工培育的时令鲜果。

纵然年少时未曾对"八月炸"的味道留下惊艳印象，但它那富有特色的果实却足以一见难忘，以至于许多年后看到木通图片，才恍然大悟：原来木通才是它的中文官名。

木通另有别名曰"通草"，只是，在名物混淆的中国古代，通草，不仅可能指旌节花科植物中国旌节花（*Stachyurus chinensis*），也是五加科植物通脱木（*Tetrapanax papyrifer*）的别名之一。故而，在古书中，关于通草的描述，既有"枝头有五叶，其子长三四寸，核黑瓤白，食之甘美"这样合乎木通特征的文字，也有"通脱木，如蓖麻……心空，中有瓤，轻白可爱，女工取以饰物"的记载。

纵以通草为名，实则两者均不是草。通脱木是常绿灌木或小乔木。而木通，虽为藤本植物，需依附攀缘而生，枝长却可达十米。在山间树丛岩隙，木通将叶柄细长的掌状复叶一路铺开，五叶小片青翠疏朗，极具野趣。

而等到夏末秋初，等到空气中果香渐次炸裂的八月，木通青绿色的骨葖果皮转为暗紫，丰腴而透明的果肉微露，就到了为"八月炸"大流口水的季节。

通草，大者径三寸，
　每节有二三枝，
枝头有五叶，其子长三四寸，
　核黑瓤白，食之甘美。
〔唐〕苏敬《唐本草》（节选）

木 通
Akebia quinata
木通科 / 木通属

本草记菝葜

　　即使是中文系毕业生，恐怕也未必能初见就念对菝葜的读音。菝葜有许多更好念的别名，比如金刚藤。金刚藤自古便是药材，"驱风利顽痹，解疫补体节"，知名中成药三金片里的三金之一就是它。相形于菝葜这两个略嫌古奥的汉字，金刚刺或金刚藤这样的名字，则一目了然地道出了这种攀缘灌木的特征：藤本，有刺。

　　实则，中文名中有菝葜二字的植物众多，因菝葜属是个有三百多种的大属，仅中国就有数十种。原本归于百合科的菝葜近年自立门户，独成一科。而它那繁多的成员，则自由散生于大江南北，尤以长江以南诸省为多，或寂生田野蔓成荆棘，或被人类入药入馔。比如，因清热降火而颇有知名度的两广名点龟苓膏，名字中的苓，即别称为土茯苓的光叶菝葜。

　　吃花大省云南，有种叫作"螃蟹花"的食材，其实就是穿鞘菝葜的花序。吃菝葜之习，旧已有之，宋人张耒有诗《食菝葜苗》，"春深土膏肥，紫笋迸玉裂"，虽并未吃花，却连菝葜初生的紫茎嫩芽也如香椿芽一般采来吃掉。

东亚三国，风俗相接，菝葜到了日韩，也与食物产生关联。日本端午时节制作的"柏饼"，若缺乏"柏叶"（即槲栎），则往往以菝葜叶替代。韩国的菝葜饼，也与柏饼类似，用菝葜叶包裹年糕而已。

在日语里，菝葜被称为"猿捕茨"，顾名思义，这日文名乃因菝葜茎上生有钩刺而得来。人行山中，若遇蔓藤逸生的菝葜，往往衣衫会被它枝条上倒刺勾引，不胜其烦。推己及猴，不免揣想：即使是灵巧的猿猴，若遇菝葜，恐怕亦不能幸免。

菝葜的淡黄花球虽然并不引人注目，但秋来果熟，枝头鲜红浆果却很是抢眼，日本人在圣诞时节常以带有红果的菝葜枝条作为插花装饰，这种时候，他们便不太乐意称它为"猿捕茨"，而换了另一个颇有诗意的别称："山归来"。

江乡有奇蔬，本草记菝葜。

驱风利顽痹，解疫补体节。

春深土膏肥，紫笋迸玉裂。

烹之芼姜橘，尽取无可辍。

应同玉井莲，已过猫头苗。

异时中州去，买子携根拔。

免令食蔬人，区区美薇蕨。

〔宋〕张耒《食菝葜苗》

菝葜

Smilax china

菝葜科／菝葜属

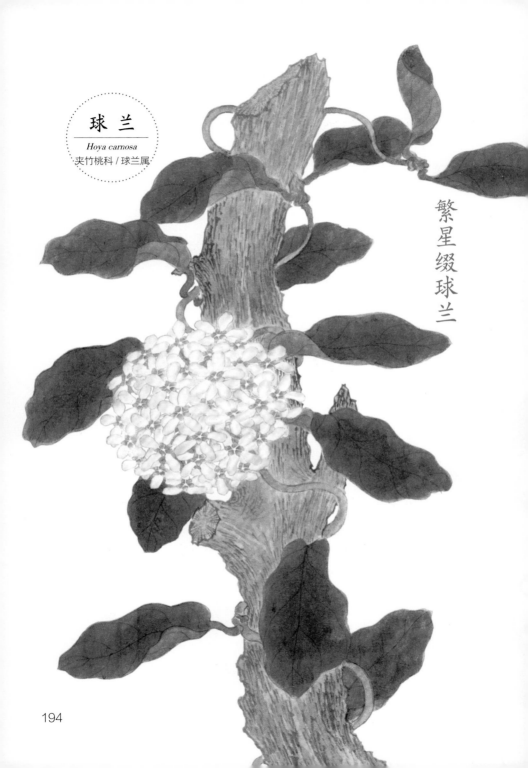

球兰

Hoya carnosa

夹竹桃科 / 球兰属

繁星缀球兰

有球兰，开至五十余朵，团圆如球。

〔清〕李调元《南越笔记》（节选）

乍看，球兰长得有点一言难尽。不是美，不是丑，就是有点奇怪。或许英文名更形象一点，wax plant 或 wax flower，是花朵和叶片均有着蜡般质感的植物。

球兰的单花，有着肥厚丰润的肉质花冠，肉肉的粉白色五星蜡质花瓣中心，再嵌入淡红色五星蜡质花心，大五星叠小五星，精巧可爱，洁净光泽，如同造型精致的日式糕点和果子。十数朵小星星再环抱于一枝聚伞花序上，团成一个个五星花球悬于枝头，有如繁星点点缀于青空。

生于长江以北省份的人来华南，初见球兰，顿时刷新了原有的乡土植物知识库，却总疑心它是外域来客，不姓洋也得姓番姓西。可是，球兰确实是如假包换的中国本土原生植物，只不过它性喜温暖，常生于热带和亚热带，在未被温带地域广泛园艺栽培前，只有华南诸省才是它大展拳脚的秀场。

球兰非兰，而善攀缘，若能肆意生长，枝茎可长达六七米，气生根沿途攀附，翠叶泛蜡光，花球缀繁星，且芳香馥郁绵长。南方庭院植一株，花季繁星如瀑满庭生香。广州中山大学校园，就有球兰一株，沿大榕树攀缘直上，将五星花球送到榕树的高枝之上，凌空垂吊，过往行人得抬头仰视才能一窥绿叶深处的粉面点点。北国苦寒之地，若冬季室内有暖气加持，于阳台向阳处盆栽一株，适度节制藤蔓攀爬，也能作为小型藤本，春夏秋三季看花不停。

当然，若就是愿意任性一下，来一次说走就走的旅行，千里迢迢去看花，无论去到哪里，都是值得的。毕竟，人生最好的时光，或许，就是与花为伴的时间，就是看一朵花开的那些刹那。

黄楝树，

生郑州南山野中，

叶似初生椿树叶而极小，

又似楝叶色微带黄，开花紫赤色，

结子如豌豆大，生青熟亦紫赤色，叶味苦。

〔明〕朱橚《救荒本草》（节选）

苦木黄楝树

古人书籍往往会记载一些没有科学依据的"黑魔法式"操作，比如这一条："苦楝树上接梅，花则成墨梅。"今日之园艺从业者不知是否有人出于好奇，如法炮制，但估计不会成功，苦楝虽苦，只怕尚无变更梅花花色之魔幻力量。

若真要试验古人记载，恐怕在树种选择上先要犯难，因为苦楝树至少是两种植物的别名，一种是楝科的楝（*Melia azedarach*），另一种是苦木科的苦树（*Picrasma quassioides*）。

植物名称既然由人类命名，难免会带上人类主观色彩，人尝五味，植物于是亦带上味觉，如辣椒、甜叶菊、酸豆。既然以苦为名，大概苦树是极苦的，它在中文世界的许多别名，莫不带上苦味色彩：黄连茶，苦胆树，山熊胆……

同以苦楝为名，古人也不是完全不知道楝与苦树实为两种植物，明代书籍《救荒本草》里说"黄楝树……叶似初生椿树叶而极小，又似楝叶色微带黄"，确实抓住了苦树叶片的特点，它那互生的奇数羽状复叶，与椿及楝，皆有相似之

苦 树

Picrasma quassioides

苦木科 / 苦木属

处。或因如此，苦树才有了另一个别名"黄楝树"，只是，《救荒本草》里对黄楝树花果"紫赤色"的描述却极可能混入了苦木科其他植物的特点。其实，苦树花朵是淡雅的黄绿色。

虽然苦树不起眼的黄绿小花，美丽程度远不及"绿树菲菲紫白香"的楝花，但到秋日，苦树终将在这场同名树木的竞争中扳回一局。苦树叶色逢秋则转红黄，极具秋叶之美，是以宋代人王用宾见到"缙云山下红树林立。询之土人，是黄楝树，繁艳不减于枫"，而赞它"看断续、千缕文霓，听摇落、万山红雨"。可惜的是，王用宾一介文士，终究还是苦楝、黄楝傻傻分不清，赞来赞去，又绕回楝树身上，"又那知、天半朱霞，一朝泻染楝花树"！

同心四照花

数字入名，在植物中文名中常见。闲暇时候，从一到万，花名游戏不妨玩起来：一串红、二月兰、三色堇、四照花、五色梅、六月雪、七里香、八仙花、九重葛、十月樱、百子莲、千日红、万寿菊。有些数据为虚，七里香未必香七里；有些数据是实，四照花确实花四瓣。

不，四字是实，花瓣却是虚。如同三角梅那貌似花瓣实乃苞片的三角一般，四照花那如白蝶翻飞两两相照的四瓣，其实也只是苞片。而在四片引人注目的硕大苞片中心，如球般的头状花序里，一点点一点点的细小花朵，才是它真正的花。

四照花如球的花序中花凋花落，结出紫红球形、枣般大小、如同小号荔枝模样的果，咬一口，酸甜。于是，四照花便有了别名：石枣、山荔枝。果虽可食，但并不好吃，不然早就成为年年秋天人类桌上的佐餐果，而不仅是鸟类的果腹物。

四照花，原为传说中的花名。始见于大名鼎鼎的《山海经》："有木焉，其状如榖而黑理，其华四照，其名曰迷榖，佩之不迷。"究竟花开时光华四照的迷榖长什么样？谁也不知道。但好名字没理由浪费，或许为植物取名的中国人，正因四照花苞片四张、两两相照，才慷慨赐之以四照花之名。清人闵麟嗣所撰的《黄山志》里写道，"四出而锐，其末玉色微酣，碧蕊绿跗浮叶上，光彩照耀岩谷，故名四照"，或为正解。

四照花开最盛之时，一树生花，枝叶尽为硕大苞片所覆，四瓣翻飞，同心相照，纯白一片，确也光华四射，宛如传说。或者，《山海经》所说之其华四照的迷榖，正是四照花也未可知！

四照花

Cornus kousa subsp. *Chinensis*

山茱萸科 / 山茱萸属

太一祠前散晚霞，

满坛灯烛映鸾车。

九枝斜挂重轮月，

独炬偏开四照花。

〔明〕邓云霄《拟古宫词一百首·其六》

199

地锦漫墙生

说起地锦，许多人或许会茫然不知所指何物，但若换一个名字，称其为"爬山虎"，可能就会恍然大悟：原来是它！

在英语里，地锦及它的亲戚五叶地锦常被称为 Boston ivy 或 Japanese ivy。虽然地锦与真正的 ivy（五加科植物常春藤）并无关系，但因为攀缘属性和叶形太过相近，不仅在英语里名号共用，在中文里它们也共享了许多江湖绰号，除了爬山虎之名外，还有类似《水浒》或《三侠五义》中好汉称号的"飞天蜈蚣""爬墙虎"。而在日本，则将地锦称为"蔦"或"夏蔦"，而称菱叶常春藤为"木蔦"或"冬蔦"。

地锦的同名之扰，并非仅来自常春藤。实则，另有两种植物的中文名也有地锦二字，一是大戟科的地锦草（*Euphorbia humifusa*），一是罂粟科的地锦苗（*Corydalis sheareri*）。《本草纲目》里"赤茎布地，故曰地锦，专治血病，故俗称为血竭，血见愁"的地锦，就不是爬满墙面的木质藤本植物地锦，而是地锦草了。

让那根旗杆

倒在败墙上睡觉，

让爬山虎爬在

它背上，一条，一条。

［现代］冯文炳《小庙春景》（节选）

作为大型藤本，地锦的攀缘能力完全不输于名字就很有气势的凌霄。凡是见过地锦密密覆满数层高楼墙面景象的人，一定会打心底里认为"飞天蜈蚣"这个江湖称号实至名归。如果曾贴墙细看过爬山虎牢牢吸附在墙面甚至趁虚而入伸进砖缝之内的根系，也会由衷赞同它确有龙盘虎踞之势。

若靠近细看，有心人往往也会发现，同一株地锦之上，竟长有不同形状的叶子。其实，世间许多植物，叶形并非只有一个形状，地锦亦如是。那满墙繁叶中，往往藏有数种叶形，或倒卵圆形无裂，或三浅裂，甚至三全裂。

春夏时节，爬山虎会用叶片将墙面织成密不见墙的碧毯，绿浪森森，铺起天然绿帘，为骄阳炙烤的高楼带来清凉绿意。而到秋深，那一墙青叶渐次转黄化红，铺墙漫壁地锦红，红得欺枫凌槭，引人注目，令人不由得再次感叹它的声势之盛、秋叶之美。

地锦

Parthenocissus tricuspidata

葡萄科 / 地锦属

绘者介绍

　　毛利梅园（1798—1851），日本江户后期博物学家。本名元寿，别号梅园、写生斋等。诞生于江户筑地。二十余岁开始热衷博物学，有大量精美的动植物写生图存世。

　　《梅园草木花谱》分为春夏秋冬全十七帖，共收录 1275 品植物。毛利梅园的作品因其实物写生的特点，成为了解动植物的上佳资料，又因其构图与色彩之美，令其足以作为艺术品供人欣赏。

图书在版编目（CIP）数据

木意已欣欣/徐红燕著. —上海：上海科技教育出版社，2022.1
（草木闲趣书系）
ISBN 978-7-5428-7600-3

Ⅰ.①木… Ⅱ.①徐… Ⅲ.①草本植物—普及读物 Ⅳ.①Q949.4-49

中国版本图书馆CIP数据核字（2021）第199831号

责任编辑　王怡昀
封面设计　Dr. HOW
版式设计　曾　刚　陈　丹

草木闲趣书系
木意已欣欣
徐红燕　著
［日］毛利梅园　绘

出版发行　上海科技教育出版社有限公司
　　　　　（上海市闵行区号景路159弄A座8楼　邮政编码201101）
网　　址　www.sste.com　www.ewen.co
经　　销　各地新华书店
印　　刷　上海颛辉印刷厂有限公司
开　　本　890×1240　1/32
印　　张　6.75
版　　次　2022年1月第1版
印　　次　2022年1月第1次印刷
书　　号　ISBN 978-7-5428-7600-3/G·4493
定　　价　68.00元